User Experience Design and Sustainability

Olga Lange · Katharina Clasen
(Hrsg.)

User Experience Design und Sustainability

Status Quo verstehen – Zukunft gestalten

Hrsg.
Olga Lange
Wirtschaftsinformatik
Duale Hochschule Baden-Württemberg
Stuttgart, Baden-Württemberg, Deutschland

Katharina Clasen
Baltmannsweiler, Baden-Württemberg
Deutschland

ISBN 978-3-658-45047-2   ISBN 978-3-658-45048-9 (eBook)
https://doi.org/10.1007/978-3-658-45048-9

Die Deutsche Nationalbibliothek verzeichnet diese Publikation in der Deutschen Nationalbibliografie; detaillierte bibliografische Daten sind im Internet über https://portal.dnb.de abrufbar.

© Der/die Herausgeber bzw. der/die Autor(en), exklusiv lizenziert an Springer Fachmedien Wiesbaden GmbH, ein Teil von Springer Nature 2025

Das Werk einschließlich aller seiner Teile ist urheberrechtlich geschützt. Jede Verwertung, die nicht ausdrücklich vom Urheberrechtsgesetz zugelassen ist, bedarf der vorherigen Zustimmung des Verlags. Das gilt insbesondere für Vervielfältigungen, Bearbeitungen, Übersetzungen, Mikroverfilmungen und die Einspeicherung und Verarbeitung in elektronischen Systemen.
Die Wiedergabe von allgemein beschreibenden Bezeichnungen, Marken, Unternehmensnamen etc. in diesem Werk bedeutet nicht, dass diese frei durch jede Person benutzt werden dürfen. Die Berechtigung zur Benutzung unterliegt, auch ohne gesonderten Hinweis hierzu, den Regeln des Markenrechts. Die Rechte des/der jeweiligen Zeicheninhaber*in sind zu beachten.
Der Verlag, die Autor*innen und die Herausgeber*innen gehen davon aus, dass die Angaben und Informationen in diesem Werk zum Zeitpunkt der Veröffentlichung vollständig und korrekt sind. Weder der Verlag noch die Autor*innen oder die Herausgeber*innen übernehmen, ausdrücklich oder implizit, Gewähr für den Inhalt des Werkes, etwaige Fehler oder Äußerungen. Der Verlag bleibt im Hinblick auf geografische Zuordnungen und Gebietsbezeichnungen in veröffentlichten Karten und Institutionsadressen neutral.

Planung/Lektorat: Daniel Froehlich
Springer Vieweg ist ein Imprint der eingetragenen Gesellschaft Springer Fachmedien Wiesbaden GmbH und ist ein Teil von Springer Nature.
Die Anschrift der Gesellschaft ist: Abraham-Lincoln-Str. 46, 65189 Wiesbaden, Germany

Wenn Sie dieses Produkt entsorgen, geben Sie das Papier bitte zum Recycling.

Vorwort

Wir sind passionierte User Experience (UX) Professionals, die ihren Job schon seit vielen Jahren mit großer Leidenschaft gestalten. Doch unsere Verbindung wurde nicht allein durch diese Leidenschaft geschmiedet. Vielmehr trieb uns der gemeinsame Wunsch an, im Bereich des UX Designs eine Weiterentwicklung mitzutragen. Eine Entwicklung, die die Nachhaltigkeit in den Mittelpunkt unserer Arbeit stellt.

Aber woher kommt dieser Wunsch?

Privat streben wir bereits danach, nachhaltig zu leben – ökologisch im Einklang mit der Natur, ökonomisch im Umgang mit verfügbaren Ressourcen und sozial durch ehrenamtliches Engagement und das Miteinander.

Viel stärker können wir aber unseren gesellschaftlichen Beitrag zur Nachhaltigkeit leisten, wenn wir als User Experience Gestaltende unser methodisches Wissen und unsere praktischen Erfahrungen bei der Entwicklung von Produkten, Systemen und Dienstleistungen einbringen.

Bei unserer Arbeit in der Lehre, als Mentorinnen und auch im Kontakt zu Kolleg*innen sehen wir jeden Tag, wozu wir UX Profis im Stande sind.

Wir erleben hautnah, wie wichtig es ist, JETZT zu handeln. Wir sehen und spüren, dass wir alle von den komplexen sozialen und ökologischen Herausforderungen unserer Zeit betroffen sind und mehr und mehr betroffen sein werden. Nicht aktiv zu werden ist für uns keine Option. Der Wunsch nach Veränderung im UX Design hat uns zusammengebracht und dazu bewegt, den Arbeitskreis „Design for Sustainability" im Jahr 2023 zu gründen. So wollen wir unser Wissen und unsere Aktivitäten bündeln und weiterentwickeln. Der Arbeitskreis ist in die German UPA eingebettet, dem Berufsverband für User Experience und Usability Professionals.

In diesem Arbeitskreis entstand eine Umfrage unter UX Professionals. Wir wollten den Status Quo verstehen, wo „wir" uns im UX Design in Bezug auf Nachhaltigkeit heute befinden. Mit dieser Umfrage haben wir erfasst, was unsere Zielgruppe wirklich bewegt, um gezielt Unterstützung anbieten zu können – Unterstützung zur Zukunftsgestaltung mit UX Design.

Um die Erkenntnisse über den Arbeitskreis hinaus verfügbar zu machen, entstand die Idee der Publikation mit Springer Nature. Die Autorinnen und Autoren waren schnell gefunden: Enthusiasten*innen und Fachexperte*innen, die Nachhaltigkeit nicht nur privat leben, sondern auch im Berufsleben ausprobieren, integrieren und weiterentwickeln. Unser gemeinsames Ziel ist es, die Leidenschaft für UX Design mit dem Streben nach Nachhaltigkeit zu verbinden und damit einen positiven Beitrag für die Gesellschaft zu leisten.

Wir laden Sie mit diesem Buch herzlich ein, diese Reise mit uns anzutreten und gemeinsam die Zukunft mit UX Design *nachhaltig* zu gestalten!

Ihre
Olga Lange
Katharina Clasen

Inhaltsverzeichnis

1 **Warum sind WIR die Gestalter*innen der Zukunft?** 1
Katharina Clasen und Thorsten Jonas
   1.1 User Experience (UX) Design 2
   1.2 UX Design birgt Risiken 3
   1.3 Der Einfluss von UX Design 4
      1.3.1 Der direkte Einfluss von UX Design 5
      1.3.2 Der indirekte Einfluss von UX Design 7
   1.4 Einfluss bedeutet Verantwortung 8
   1.5 Wo stehen wir und wohin entwickelt sich UX Design
       for Sustainability? 9
   Literatur 10

2 **Der Ausgangspunkt: Wo stehen wir heute und was brauchen wir in Zukunft?** 13
Kathrin Rochow, Tanja Brodbeck und Ingo Waclawczyk
   2.1 Die Quelle: Eine Online-Umfrage in der UX Community 14
   2.2 Qualitative Inhaltsanalyse: Hintergrund, Methodik und Adaption ... 16
      2.2.1 Hintergrund und Entstehung 16
         2.2.1.1 Synthese von qualitativen und quantitativen
                 Analyseverfahren 16
         2.2.1.2 Weiterentwicklung der Grundformen des
                 Interpretierens zu wissenschaftlichen
                 Auswertungstechniken 17
      2.2.2 Ablauf und Methodik 18
      2.2.3 Adaptionen für unseren Anwendungsfall 19
   2.3 Ergebnisse 20
      2.3.1 Die Bedeutung von Nachhaltigkeit 20
         2.3.1.1 Der formative Wirkungsraum 21
         2.3.1.2 Der prospektive Wirkungsraum 22

			2.3.1.3	Ein Zusammenspiel beider Wirkungsräume	24
			2.3.1.4	Fazit: Synergien für ganzheitliche Nachhaltigkeit	24
		2.3.2	Die Gegenwart: Viel versucht, wenig erreicht		25
			2.3.2.1	Wie wird Nachhaltigkeit in den Arbeitsalltag integriert?	25
			2.3.2.2	Wo liegen die Herausforderungen?	26
			2.3.2.3	Fazit: Mehr Akzeptanz und Investitionsbereitschaft in Nachhaltigkeit	28
		2.3.3	Die Wünsche für die Zukunft		29
			2.3.3.1	Fazit: Eigene Expertise, mehr Aufmerksamkeit und Unterstützung	30
		2.3.4	Wie kann der Berufsverband – die German UPA – in Bezug auf das Thema Nachhaltigkeit & UX unterstützen?		30
			2.3.4.1	Fazit: Weiterbildung, Hilfsmittel und Kooperation	32
	2.4	Reflexion der Ergebnisse – Was sagen die Autor*innen			33
		2.4.1	Kathrin Rochow		33
		2.4.2	Tanja Brodbeck		34
		2.4.3	Ingo Waclawczyk		35
	Literatur				36
3	**Empfehlungen für UX Design for Sustainability**				**37**
	Claudia Bruckschwaiger, Clemens Lutsch, Thorsten Jonas, Tanja Brodbeck und Olga Lange				
	3.1	Unsere Rollenmodelle			38
		3.1.1	Fokusfelder im Human-centered Design		38
			3.1.1.1	Liste der Fokusfelder in UX und Human-centered Design	38
		3.1.2	Die Rollenbilder in UX im Projektkontext		40
			3.1.2.1	User Research	40
			3.1.2.2	UX Architektur	43
			3.1.2.3	UI Design	45
			3.1.2.4	UX Writing	47
			3.1.2.5	UI Development	48
			3.1.2.6	Accessibility	50
			3.1.2.7	UX Management	52
			3.1.2.8	UX Strategie	54
			3.1.2.9	Schlussbetrachtung	55
	3.2	Unsere Handlungsprinzipien			56
		3.2.1	Der Code of Professional Conduct der German UPA		56
		3.2.2	Handlungsprinzipien		57
	3.3	Unsere regulatorischen Rahmenwerke			61
		3.3.1	Sustainable Development Goals (SDG)		63

	3.3.2	ESG	63
	3.3.3	European Green Deal	65
	3.3.4	Corporate Sustainability Reporting Directive	65
	3.3.5	European Sustainability Reporting Standards	66
	3.3.6	Richtlinie zu Sorgfaltspflichten von Unternehmen im Hinblick auf Nachhaltigkeit („Lieferketten Gesetz")	66
	3.3.7	Deutscher Nachhaltigkeitskodex (DNK)	66
	3.3.8	ISO Directive 82	69
	3.3.9	Human-centered Design (ISO 9241–210)	69
	3.3.10	Der Leitfaden zur gesellschaftlichen Verantwortung (ISO 26000)	70
	3.3.11	Spezifische Empfehlungen	71
		3.3.11.1 Web Sustainability Guidelines (WSG) W3C	71
		3.3.11.2 Leitfaden „Ressourceneffiziente Programmierung" Bitkom	72
3.4	Unser strategisches Handeln in der Organisation		72
3.5	Unser operatives Handeln im Projekt		74
Literatur			76

4 Werkzeuge und Praktiken im UX Design for Sustainability 79
Katharina Clasen, Thorsten Jonas und Martin Tomitsch

4.1	Ein Blick auf den Status Quo	80
4.2	Aktuelle Werkzeuge und Praktiken im Human-centred Design	81
4.3	Berücksichtigung der inhaltlichen und zeitlichen Dimensionen	82
4.4	Werkzeuge und Praktiken für Nachhaltigkeit im UX Design	85
4.5	Werkzeuge im Detail	86
	4.5.1 Sustainability Strategy Canvas	87
	4.5.2 Systems Mapping	89
	4.5.3 Personas	91
	4.5.4 Needs to Consequences Mapping	94
	4.5.5 Sustainable User Journey Mapping	95
	4.5.6 Behavioral Impact Canvas	97
4.6	Praktiken im Detail	100
	4.6.1 Ressourcenschonendes Design	101
	4.6.2 Positive Nudging und Sustainable Defaults	103
	4.6.3 Accessibility und Inclusive Design	104
4.7	Akzeptanz in der Praxis erreichen	105
Literatur		106

5 Fazit und Blick in die Zukunft 109
Olga Lange
5.1 Zusammenfassung des Status Quo 109
5.2 Blick in die Zukunft 111
Literatur 112

Autoren*innen- und Herausgeberinnenverzeichnis

Über die Herausgeberinnen

Olga Lange, Prof. Dr.-Ing. 1976 in Slawuta/Ukraine geboren; 1998 Studium (Dipl.-Ing.) des Vermessungswesens mit Geo-Informationssystemen an der Nationaluniversität Kyjiw; 2013 Studium (Ms.Sc.) des Innovationsmanagements an der Hochschule Esslingen; 2019 Promotion (Dr.-Ing.) in Ingenieurwissenschaften an der FernUniversität Hagen im Bereich Software Usability für die Simulation; 2002–2013 IT-Consultant für Daimler AG; 2013–2018 Forschungstätigkeit im Bereich Engineering-Systeme an der Fraunhofer IAO/IAT der Universität Stuttgart und FernUni Hagen; 2018–2023 Anwendungs-/Softwareberaterin mit Verantwortung der UX-Strategie und Produktmanagerin mit Leitung des UX Designs für die stationäre Brennstoffzelle (SOFC) bei der Robert Bosch GmbH; seit 2024 Professorin für Wirtschaftsinformatik mit Forschungsschwerpunkt „Nachhaltige Informationssysteme" an der DHBW Heidenheim; Certified Professional for Usability & User Experience (iSQI); Co-Gründung und Co-Leitung Arbeitskreises „Design for Sustainability" im Berufsverband German UPA; Gutachterin für Europaische Union, EURIZON fellowship for Ukrainian scientist; Erfindungsmeldungen und Patente im Bereich Informationsdesign; Gründungsprofessorin des Instituts für nachhaltige Wasserstofftechnologien im DHBW Verbund.

„Meine Empfehlung – anfangen mit nachhaltigen Gedanken, fortgehen mit Ausprobieren und umsetzen mit kleinen Schritten, die damit etwas Größeres bewirken. In unserer Verantwortung liegt nicht nur das, was wir machen, sondern auch das, was wir nicht machen."

Katharina Clasen, B.A. 1988 in Stuttgart geboren; Studium des Informationsdesign (B.A.) an der Hochschule der Medien Stuttgart; seit 2013 Freiberuflich im UX Design und Life-centered Design insbesondere für mittelständische Unternehmen und Startups tätig; seit 2014 Dozentin an der Hochschule der Medien Stuttgart für Screen Design / UX Design in der Fakultät Druck und Medien; 2014 bis 2015 UX Designerin bei der

Codeatelier GmbH; 2020 bis 2022 Co-Gründung der Makers League e. V. in Esslingen sowie zweite Vorstandsvorsitzende und später erste Vorstandsvorsitzende; 2020 bis 2021 Head of Strategy & UX bei der Codeatelier GmbH; 2020 bis 2023 Dozentin an der Hochschule Esslingen für Mediengestaltung im Fachbereich Informatik; seit 2022 Aufbau von „LifeCenteredDesign.Net"; seit 2022 Gründungsmitglied des „Life-centered Design Collective"; seit 2023 Co-Gründung und Co-Leitung des Arbeitskreises „Design for Sustainability" im Berufsverband German UPA.

„Selbst die kleinste Tat zählt und hat das Potential, eine Welle des Wandels auszulösen. Jeder Gedanke, den wir teilen, jede Entscheidung, die wir treffen, kann eine positive Veränderung herbeiführen. Lasst uns gemeinsam die Kraft unserer Disziplin nutzen, um eine bessere Welt und eine nachhaltigere Zukunft zu gestalten."

Autorenverzeichnis

Tanja Brodbeck M.Sc. Esslingen am Neckar, Deutschland

Claudia Bruckschwaiger Mag. swohlwahr GmbH, Wien, Österreich

Katharina Clasen B.A. UX Design, Baltmannsweiler, Deutschland

Thorsten Jonas M.Sc. SUX Network, Hamburg, Deutschland

Prof. Dr.-Ing. Olga Lange Wirtschaftsinformatik, Duale Hochschule Baden-Württemberg, Stuttgart, Deutschland

Prof. Clemens Lutsch Digitale Medien & User Experience, Internationale Hochschule SDI München, München, Deutschland

Kathrin Rochow Ph.D. Konstanz, Deutschland

Prof. Martin Tomitsch Transdisciplinary School, University of Technology Sydney, Sydney, Australien

Ingo Waclawczyk Hilden, Deutschland

Warum sind WIR die Gestalter*innen der Zukunft?

Katharina Clasen und Thorsten Jonas

Zusammenfassung

Das erste Kapitel widmet sich der grundlegenden Frage: Warum sind WIR die Gestalter*innen der Zukunft? Da sich das „wir" in dieser Frage auf User Experience (UX) Professionals bezieht, wird zunächst die vielfältige Welt des UX Designs und dessen Relevanz in der heutigen Zeit erkundet. Als Gestalter*innen in diesem Feld stehen wir vor der Aufgabe, positive Nutzendenerlebnisse zu schaffen und negative Einflüsse, z. B. durch Usability Probleme, zu minimieren. Unter dem Oberbegriff „UX Design" verbergen sich verschiedene Berufe und Tätigkeiten, die von der Strategieentwicklung bis zur konkreten Gestaltung reichen. Doch warum ist es ausgerechnet unsere Rolle, die so entscheidend für die Zukunftsgestaltung ist? Die Antwort liegt in unserem großen Einfluss auf Umwelt, Gesellschaft und Wirtschaft – sowohl direkt als auch indirekt. Wir zeigen auf, wie UX Design nicht nur positive Nutzendenerlebnisse schafft, sondern auch ökonomische Vorteile für Unternehmen generiert. Dabei werfen wir jedoch auch einen kritischen Blick auf potenzielle Risiken und Probleme, insbesondere im Hinblick auf Nachhaltigkeit. Die Verantwortung der UX Designer*innen für eine ethische und nachhaltige Gestaltung der Zukunft wird betont.

K. Clasen (✉)
Katharina Clasen UX Design, Baltmannsweiler, Deutschland
E-Mail: katharina@katharinaclasen.de

T. Jonas
SUX Network, Hamburg, Deutschland
E-Mail: thorsten@sustainableuxnetwork.com

© Der/die Autor(en), exklusiv lizenziert an Springer Fachmedien Wiesbaden GmbH, ein Teil von Springer Nature 2025
O. Lange und K. Clasen (Hrsg.), *User Experience Design und Sustainability*, https://doi.org/10.1007/978-3-658-45048-9_1

1.1 User Experience (UX) Design

User Experience (UX) Designer*innen beschäftigen sich mit (subjektiven) Produkt-, System- oder Dienstleistungserfahrungen. Das Ziel ist, positive Nutzungserlebnisse zu schaffen und negative Gefühle oder sogar körperlichen Schaden zu vermeiden, wie sie zum Beispiel durch Usability Probleme entstehen können. Für eine möglichst hohe Usability sollen die Ziele unterschiedlicher Nutzergruppen im jeweiligen Nutzungskontext effektiv, effizient und zufriedenstellend erreicht werden können (International Organization for Standardization, 2018). Um eine positive User Experience durch die Gestaltung hervorzurufen, setzen sich UX Expert*innen auch mit psychologischen Bedürfnissen auseinander, wie dem Bedürfnis nach Verbundenheit oder Autonomie, da das Erfüllen dieser Bedürfnisse positive Erlebnisse entstehen lässt (Sheldon et al., 2001; Hassenzahl, 2008; Hassenzahl et al., 2010).

Unter dem heute geläufigen aber eher unspezifischen Begriff „UX Design" tummeln sich eine Vielzahl von Berufen und Tätigkeiten: Von der UX Strategie, welche die übergeordneten Ziele auf Basis von Prinzipien der Menschzentrierung plant, über UX Research, welches den Nutzungskontext erforscht oder Gestaltungslösungen evaluiert, dem UX Management, das jegliche UX Bestrebungen im Projektkontext steuert, die UX Architektur, die den gesamten strukturellen und prozessualen Aufbau eines digitalen Produkts konzipiert, bis hin zur Oberflächengestaltung im UI Design (User Interface Design), um nur einige zu nennen. Das internationale UX Akkreditierungsprogramm der UXPA International identifiziert insgesamt 13 Fokusfeldern von UX Professionals, die in Abb. 1.1 festgehalten wurden und auf die im Kap. 3.1, im Kontext unserer Rollenmodelle, genauer eingegangen wird (IAPUX, o. D.). Wird in dieser Publikation also von „UX Design" gesprochen oder Begriffe wie „Gestalter*innen" verwendet, wird tatsächlich ein interdisziplinäres Feld vieler Mitwirkende referenziert, die unterschiedliche Perspektiven einbringen, um gemeinsam die besten Lösungen zu erarbeiten. Unabhängig davon, welche genaue Rolle eingenommen wird, hat die Tätigkeit letztendlich einen Einfluss auf die Erfahrung der Menschen, die mit dem Produkt, System oder der Dienstleistung in Kontakt kommen. Dabei ist es nicht nur die Interaktion selbst, die das Erlebnis beeinflusst, auch Erfahrungen davor und danach spielen eine Rolle (International Organization for Standardization, 2019).

UX Design besitzt auch wirtschaftliche Relevanz. So zeigt beispielsweise eine Studie von McKinsey (Sheppard et al., 2018), dass es einen direkten Zusammenhang zwischen dem Umsatz eines Unternehmens und dessen Position im eigens entwickelten McKinseys Design Index gibt. In „The Business Value of User Experience" geht Ross (2014) auf die vielen Bereiche ein, die von gutem User Experience Design profitieren, bzw. unter dessen Abwesenheit leiden können. Von Auswirkungen bei Konsumerprodukten direkt auf den Umsatz oder das Markenbild bis hin zu Einflüssen auf die Produktivität oder Arbeitszufriedenheit bei professionellen Business-Lösungen.

1 Warum sind WIR die Gestalter*innen der Zukunft?

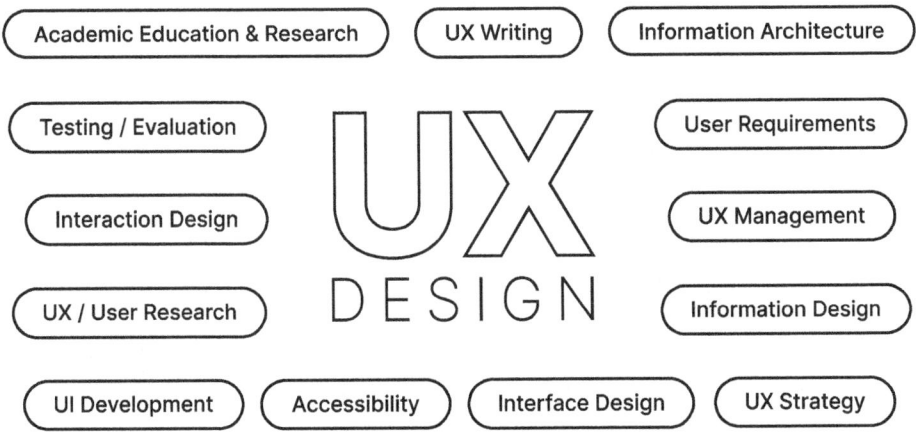

Abb. 1.1 13 Fokusfelder von UX Professionals basierend auf der Einteilung des internationalen UX Akkreditierungsprogramm der UXPA International (IAPUX, o. D.)

1.2 UX Design birgt Risiken

Die Situation scheint ideal: Im UX Design wird der Mensch ins Zentrum der Gestaltung gestellt, dessen Bedürfnisse werden erfüllt und vermeintliche Probleme gelöst. Gleichzeitig profitiert ein Unternehmen von diesen Bestrebungen. Was auf den ersten Blick ausschließlich positiv erscheint, birgt bei genauerem Hinsehen allerdings Risiken.

Während sich UX Design darauf fokussiert, menschliche Bedürfnisse im Hier und Jetzt zu erfüllen, ist es möglich, dass echtes (nachhaltiges) Wohlbefinden aus den Augen verloren wird. Es besteht das Risiko, dass kurzfristiges bewusstes Verlangen mit echten universellen Bedürfnissen verwechselt wird (Helne & Hirvilammi, 2019). In der dritten Auflage seines viel zitierten Werks „Design For The Real World" schreibt Papanek (2019, S. 15) hierzu: „Much recent design has satisfied only evanescent wants and desires, while the genuine needs of man have often been neglected. The economic, psychological, spiritual, social, technological, and intellectual needs of a human being are usually more difficult and less profitable to satisfy than the carefully engineered and manipulated „wants" inculcated by fad and fashion."

Auf einer anderen Ebene, aber nicht weniger wichtig, liegt die Gefahr, dass im UX Design das Große Ganze übersehen werden könnte. Dieses beinhaltet unbedingt auch Gruppen sowie nichtmenschliche Akteure im System, die zwar nicht direkt die Lösung empfangen, aber trotzdem betroffen sind (Gall et al., 2021; Tomitsch et al., 2021). Darüber hinaus gibt es für alle Akteure – ob direkt oder indirekt betroffen, ob menschlich oder nicht – das Risiko unerwünschter Folgen, sofern diese in der Gestaltung nicht antizipiert wurden (Borthwick et al., 2022; Leung, 2020).

1.3 Der Einfluss von UX Design

Der Einfluss von Gestaltung im Allgemeinen und UX Design im Speziellen ist immens. Nahezu alles, was uns umgibt, ist das Ergebnis von gestalterischen Entscheidungen: von den Informationen, die unsere Wahrnehmung beeinflussen, bis hin zu den Räumen, in denen wir leben. UX Designer*innen sind die Architekt*innen der funktionalen und emotionalen Landschaften, die unsere Welt formen. Die Tätigkeiten erstrecken sich über die Gestaltung von Produkten und Dienstleistungen, bis hin zu Geschäftsmodellen und ganzen Systemen. Ihre Entscheidungen beeinflussen nicht nur die Nutzendenerlebnisse, sondern auch die Umwelt, die Gesellschaft und die Wirtschaft.

Betrachtet man den Umwelteinfluss von Informations- und Kommunikationstechnologien (IKT) so kann man, orientiert an einer Einteilung nach Berkhout und Hertin (2001), zwischen direkten und indirekten Effekten unterscheiden[1]: IKT haben zum einen **direkt** negative Effekte auf die Umwelt, zum Beispiel durch den Ressourceneinsatz sowie Abfälle bei der Produktion, Nutzung und Entsorgung, aber auch direkt positive, zum Beispiel wenn sie zum Monitoring von Emissionen eingesetzt werden (Auswirkungen erster Ordnung). Zusätzlich haben sie **indirekte** Effekte auf die Umwelt, indem sie zum Beispiel auf Design-, Produktions-, Distributions-, und operative Prozesse wirken (Auswirkungen zweiter Ordnung). Ein Beispiel aus dem privaten Bereich wäre hier der Ersatz einer Reise durch den Einsatz einer IKT zum Beispiel in Form eines Videokonferenztools. **Indirekte** Effekte beziehen sich aber auch auf den Einfluss auf ganze Lebensstile und Wertesysteme sowie auf komplexe (und unter Umständen zeitverzögerte) Feedback Prozesse, wie dem 'rebound effect'(Berkhout und Hertin 2001, S. 7) (Auswirkungen dritter Ordnung).

Informations- und Kommunikationstechnologien machen den Haupttätigkeitsbereich von UX Designer*innen aus und sie bieten uns damit eine gute Orientierung bei der Frage nach dem Einfluss von UX Design auf Aspekte der Nachhaltigkeit. Jedoch wurden bei der oben vorgestellten Bewertung von IKT hauptsächlich ökologische – teilweise auch wirtschaftliche – Aspekte von Nachhaltigkeit betrachtet und es geht explizit um die Effekte der Technologien und nicht der Gestaltung.

Clasen (2023) deutet aber darauf hin, dass sich diese Einteilung, in einen direkten und indirekten Einfluss, auch auf die Einflussnahme von UX Design übertragen lässt und zwar sowohl bezogen auf ökologische als auch soziale Aspekte von Nachhaltigkeit. Die empirischen Daten aus der Umfrage unter UX Professionals, vorgestellt in Kap. 2, unterstützen diese Aussage. So wurden auf der einen Seite Strategien, Tätigkeiten und Maßnahmen genannt, die dem Bereich der direkten Einflussnahme zuzuordnen sind, darunter zum Beispiel Maßnahmen zur Ressourcenschonung oder Energieeffizienz (ökologische Komponente von Nachhaltigkeit), sowie zur Verbesserung der Barrierefreiheit (soziale Komponente von Nachhaltigkeit). Es wurden auf der anderen Seite aber auch

---

[1] Berkhout und Hertin (2001) arbeiten mit einer Einteilung der Effekte in drei Ebenen: Auswirkungen erster Ordnung (direkt), zweiter Ordnung (indirekt) und dritter Ordnung (indirekt).

Strategien, Tätigkeiten und Maßnahmen erwähnt, die eine indirekte Einflussnahme ermöglichen, wie der Einsatz von Behavioral-Design Techniken, welche sowohl ökologische als auch soziale Aspekte abdecken können. Ferner wurden auch Strategien, Tätigkeiten und Maßnahmen genannt, die sowohl eine direkte als auch indirekte Einflussnahme ermöglichen, wie der Verzicht auf Dark Patterns. Dark Patterns können je nach Ausprägung, insbesondere in Bezug auf die Nutzenden, direkte Effekte haben, wie zum Beispiel eine erschwerte Entscheidungsfindung und damit ggf. einhergehende Unsicherheit oder Stress (soziale Komponenten von Nachhaltigkeit). Sie sind aber auch Teil der indirekten Einflussnahme, da sie auf Verhaltensweisen wirken können, die wiederum einen Effekt in Bezug auf Nachhaltigkeit haben können (ökologische und/oder soziale Komponente von Nachhaltigkeit).

Der Einfluss von UX Design lässt sich also folgendermaßen aufteilen:

- UX Design hat in Bezug auf Nachhaltigkeit auf der einen Seite einen **direkten** Einfluss, wenn es durch Strategien, Tätigkeiten und Maßnahmen die direkten Effekte des Produkts, Systems oder der Dienstleistung beeinflusst. Beispiele für eine direkte Einflussnahme:
  - Ressourcenschonendes Design
  - Usability Engineering
  - Design for Accessibility
- UX Design hat in Bezug auf Nachhaltigkeit auf der anderen Seite auch einen **indirekten** Einfluss, wenn es durch Strategien, Tätigkeiten und Maßnahmen die indirekten Effekte des Produkts, Systems oder der Dienstleistung beeinflusst, indem es darüber zum Beispiel auf Strukturen, Prozesse oder Verhaltensweisen wirkt und damit verbundene zeitversetzte Entwicklungen und Feedback-Prozesse auslöst. Beispiele für eine indirekte Einflussnahme:
  - Behavioral Design
  - Positive Nudging

Abb. 1.2 veranschaulicht die direkte und indirekte Einflussnahme von UX Design und in Kap. 4 werden für beide Formen Werkzeuge und Praktiken vorgestellt.

1.3.1 Der direkte Einfluss von UX Design

Um den direkten Einfluss von UX greifbarer zu machen, lohnt sich ein Blick auf die Treibhausgasemissionen, die ein wesentlicher Faktor für die globale Erderwärmung sind. Freitag et al. (2021) gehen davon aus, dass IKT für 2,1 % bis 3,9 % der weltweiten Treibhausgasemissionen verantwortlich sein könnten, sofern man den „truncation error" einiger Studien mit berücksichtige (ein Fehler, der durch Auslassung von Lieferkettenpfaden entsteht). Sie sprechen außerdem davon, dass Emissionen durch IKT möglicherweise schneller zunehmen als die Gesamtemissionen. Belkhir und Elmeligi (2018) nehmen

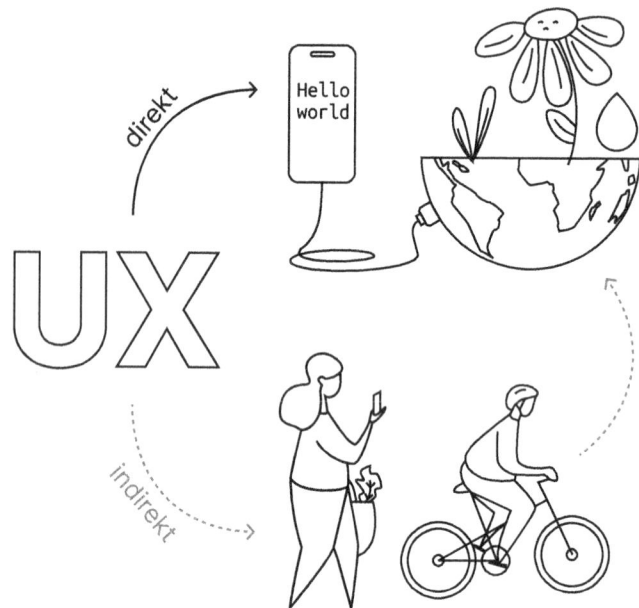

Abb. 1.2 Der direkte und indirekte Einfluss von UX Design for Sustainability

an, dass der relative Beitrag der IKT-Treibhausgasemissionen bis 2040 auf über 14 % der weltweiten Emissionen ansteigen könnte, sofern keine Gegenmaßnahmen ergriffen werden. Das wiederum würde mehr als die Hälfte des relativen Beitrags des gesamten Transportsektors zur Zeit der Studie ausmachen.

Um schwer vorstellbare Zahlen wie diese greifbarer zu machen, arbeitet McGovern (2020) mit Bäumen. Genauer gesagt rechnet er um, wie viele Bäume theoretisch und vereinfacht notwendig wären, um eine bestimmte emittierte Menge an CO_2 zu absorbieren. Dabei wird davon ausgegangen, dass ein Baum 10 kg CO_2 pro Jahr umwandelt. So kommt McGovern auf folgende eindrückliche Zahlen:

- Um die von **E-Mail-Spam** verantworteten CO_2 Emissionen auszugleichen, müssten dieser groben Schätzung zufolge **1,6 Mrd. Bäume** gepflanzt werden.
- Um die Verschmutzung durch die geschätzten 1,9 Billionen **jährlichen Suchanfragen auf Google** auszugleichen, müssten versinnbildlicht **16 Mio. Bäume** gepflanzt werden.

Beim Umwelteinfluss von IKT geht es allerdings nicht nur um Emissionen. Data-Center verbrauchen sehr viel Frischwasser zur Kühlung, was gerade in Gegenden, in denen Wassermangel herrscht, ein direktes Problem für die Bevölkerung vor Ort darstellt. Es gibt

Schätzungen, die besagen, dass ein*e Europäer*in im Durchschnitt bis 2030 mehr Wasser durch die Internetnutzung pro Tag verbrauchen könnte, als sie oder er zum Trinken benötigt (Farfan & Lohrmann, 2023).

▶ Es zeigt sich also: Auch wenn sich digitale Technologien schwerelos anfühlen können, haben sie doch ein großes Gewicht in Bezug auf ihre Umweltwirkungen.

Wie kann Gestaltung dieses Gewicht beeinflussen, also im Idealfall den Energieverbrauch und die damit verbundenen Emissionen reduzieren? In „Sustainable Webdesign" schreibt Greenwood (2021) dazu: „As a rule of thumb, the more data transferred, the more energy used in the data center, telecoms networks, and end user devices." Es geht in diesem Zusammenhang also viel um die Datenmengen und -größen, die verarbeitet werden. Auf diese Daten kann im UX Design ein maßgeblicher Einfluss genommen werden. Was das im Detail bedeutet, wird in Abschn. 4.6.1 näher beleuchtet.

1.3.2 Der indirekte Einfluss von UX Design

Blickt man auf die andere Seite, die indirekte Einflussnahme, so scheinen die Auswirkungen unserer Arbeit noch weitreichender. Mit den Lösungen, die wir gestalten, schaffen wir neue Möglichkeiten, wir informieren und wir helfen bei der Entscheidungsfindung. Auch kleinste Designentscheidungen können dabei einen Einfluss haben. Dieser Einfluss geht über die direkt betroffenen Akteure, wie die Nutzenden, hinaus. Aber auch auf die Nutzenden selbst können zeitverzögert unerwünschte Effekte zukommen, wenn diese im Designprozess nicht antizipiert wurden.

Am Beispiel von Lieferdiensten für Nahrungsmittel kann das gut illustriert werden:

Blicken wir zunächst auf die Nutzenden der Lieferdienste, so mag man zunächst hauptsächlich Vorteile erkennen: Die Empfangenden der Services sparen Zeit, der Aufwand der Besorgung und Zubereitung fällt weg oder ist sehr gering und die Auswahl ist zumeist größer als das Essensangebot in der fußläufig erreichbaren Umgebung. Bei genauerem Betrachten stellt man aber auch Nachteile fest, die sich vor allem auf die Gesundheit beziehen: Zum einen handelt es sich bei dem über Lieferdienste angebotenen Essen oft um eher ungesunde, energiereiche und nährstoffarme Speisen (Jia et al., 2022) und zum anderen ersetzt die Lieferung möglicherweise gesunde Tätigkeiten, wie die Bewegung im Zusammenhang mit der Essensbeschaffung, die Zubereitung selbst oder soziale Kontakte zu Mitmenschen.

Geht man über die direkte Nutzergruppe hinaus und betrachtet andere beteiligte Personen, findet man weitere Auswirkungen:

Im konkreten Beispiel des Lieferdienstes Gorillas zeigten die Proteste der Lieferfahrer*innen, dass die Arbeitsbedingungen schwierig sind. Es wird unter anderem über fehlende Löhne und schlechte Bezahlung im allgemeinen, Stress, zu kurze Pausen oder fehlende Sozialversicherungen geklagt (Rau, 2021; Beckedahl, 2021). Lokale Geschäfte, die mit den Lieferdiensten in Konkurrenz stehen, könnten aufgrund der VC-subventionierten Preise im Nachteil sein (Beckedahl, 2021). Aber auch die Anwohner*innen scheinen unter Lieferdiensten zu leiden. Weiterhin wurde im konkreten Fall berichtet, dass die Bürgersteige und lokalen Parkplätze durch E-Bikes und Lieferwagen beeinträchtigt werden und auch Lärm als Folge der Logistikzentren und Auslieferungen die Nachbarschaft beeinflusst (Beckedahl, 2021).

Zuletzt sollte auch die Umweltwirkung betrachtet werden: Lieferdienste bedingen häufig eine große Menge an Kunststoffmüll. So hat eine Analyse beispielsweise gezeigt, dass die Gesamtmenge an Verpackungsabfällen von Essenslieferdiensten in China allein in der Zeit von 2015 bis 2017 von 0,2 auf 1,5 Mio. metrische Tonnen angestiegen ist (Song et al., 2018).

Dieses Beispiel zeigt eindrücklich: Jede „Experience", für die wir gestalten, ist Teil eines größeren systemischen Kontextes. Der Fokus auf die Nutzenden und auf unmittelbare Effekte kann zwar die negativen Einflüsse auf das jeweils umgebende System oder Einflüsse in der Zukunft verschleiern, aber sie sind deswegen nicht weniger vorhanden und müssen daher bereits in der Strategie, aber auch im Design Berücksichtigung finden. Dabei darf nicht vergessen werden: Mit den Produkten, Systemen und Dienstleistungen, die im UX Design konzipiert und gestaltet werden, werden auch menschliche Verhaltensweisen beeinflusst, ermöglicht oder hervorgerufen. Direkte und indirekte Effekte sind dabei oft simultan Teil des Wirkungsspektrums von UX Professionals. Es mag so wirken, als sei der Einfluss von UX Design begrenzt, aber selbst vermeintlich kleine Aktivitäten können große Effekte haben. Um es in den Worten von Tomitsch und Baty (2023, S. 15) wiederzugeben: „The website you are designing […] sits on a server that is housed in a concrete data centre and requires a significant amount of electricity to keep it running. The online shopping service that you've just improved based on user research […] will allow more people to purchase more things more easily, and those things must all be manufactured, stored, shipped, used, maintained, and eventually disposed of."

1.4 Einfluss bedeutet Verantwortung

Wir sind die Gestalter*innen unserer Lösungen, unserer Umgebung und letztendlich auch unserer Zukunft. Dieser immense Einfluss, den wir sowohl im direkten als auch indirekten Wirken als Gestalter*innen haben, geht Hand in Hand mit einer ebenso großen Verantwortung. Bereits vor über 50 Jahren wies Victor Papanek in seinem Werk „Design for the Real World", das zum ersten Mal 1970 in Schweden veröffentlicht wurde, auf das Zusammenspiel aus Macht und Verantwortung im Design hin. Gleich zu Beginn im Vorwort der aktuellen Auflage schreibt er: „Es gibt Berufe, die mehr Schaden anrichten als der des Industriedesigners, aber viele sind es nicht." (Papanek, 2019). Dieses Zitat zeigt, dass Victor Papanek bei weitem nicht zufrieden damit war, wie Gestalter*innen bisher ihre Macht eingesetzt haben. Es unterstreicht damit auch die Bedeutung der ethischen Dimension im Design.

Papaneks Mahnung muss vor dem Hintergrund seiner Zeit betrachtet werden. Seit der ersten Veröffentlichung seines Werkes hat sich die Welt weiterentwickelt. Der Einfluss von UX Expert*innen ist größer als je zuvor. Auf der anderen Seite haben sich in den vergangenen fünf Jahrzehnten komplexe Herausforderungen wie soziale Ungerechtigkeit und die Klimakrise auf ein bedrohliches Maß zugespitzt. So fällt der symbolische „Earth Overshoot Day" im Jahr 2023 auf den 2. August (Lin et al., 2023). Das heißt, dass bereits am 2. August alle innerhalb des Jahres 2023 verfügbaren nachwachsenden Ressourcen aufgebraucht waren. Dieser Tag ist sowohl hinsichtlich der ökologischen als auch sozialen Ausprägung von Nachhaltigkeit von Bedeutung und steht deswegen stellvertretend für die Dringlichkeit unseres Handelns.

1.5 Wo stehen wir und wohin entwickelt sich UX Design for Sustainability?

Das Bewusstsein um unsere Verantwortung als Gestalter*innen der Zukunft ist also wichtiger denn je. Wir müssen unsere einzigartigen Problemlösungsfähigkeiten, unsere Innovationskraft und Werkzeuge einsetzen, um nachhaltige und regenerative Lösungen zu entwickeln.

Das Entstehen und die wachsende Beliebtheit von Netzwerken, Gruppen und Vereinen, die sich mit Ethik und Nachhaltigkeit im Design auseinandersetzen, wie Design Declares (DesignDeclares, o. D.), Design for Good (Design for Good, o. D.), dem Life-centered Design Collective (Life-centered Design Collective, 2023), dem Sustainable UX (SUX) Network (SUX – the Sustainable UX Network, o. D.) oder dem Arbeitskreis „Design for Sustainability" (German UPA, o. D.) und vielen mehr, zeigen eindrücklich, dass mehr und mehr Designer*innen auf der ganzen Welt diese Herausforderung anerkennen. Gestaltende aus allen Bereichen erforschen, wie Nachhaltigkeit in den Gestaltungsprozesses integriert werden kann und teilen ihre Erkenntnisse (Cababa, 2023; Clasen, 2023; Life-Centered Design School; Lima, 2023; Lutz, 2023, o. D.; Tomitsch et al., 2024; Tomitsch & Baty, 2023). Sie erstellen Bibliotheken mit Quellen, die andere Gestaltende auf dem Weg des Design for Sustainability unterstützen können (Clasen & Clasen, o. D.; Fossheim, o. D.; Lowdon, o. D.; SUX Network – Resource Collection & Event Calendar, o. D.) oder entwickeln Hilfsmittel, wie CO_2 Kalkulatoren für Websites oder Bewertungssysteme und Regelwerke, die diesen Weg erleichtern (Wholegrain Digital, 2024; EcoGrader, o. D.; Sustainable Web Design, 2023; Web Sustainability Guidelines, o. D.; Code Of Conduct, o. D.) und vieles mehr.

Begriffe wie „Sustainable UX Design" (Jonas, 2022), „Life-centered Design" (Lutz, 2024; Clasen, o. D.) oder „Planet-centric Design" (Huber, 2021) stehen stellvertretend für diesen Paradigmenwechsel. Das Bedürfnis nach Nachhaltigkeit im Design ist auch in internationalen Standards wie ISO 9241–210 vertreten. Sie fordert Nachhaltigkeit als wichtiges Ziel ein und besagt, dass menschzentrierte Gestaltung die ersten beiden Säulen der Nachhaltigkeit (ökonomisch und sozial) direkt, sowie die dritte Säule (ökologisch) indirekt unterstützt (International Organization for Standardization, 2019).

Wo stehen UX Designer*innen in Deutschland heute auf der Reise zum „Design for Sustainability" und was wird benötigt, um diese erfolgreich zu beschreiben? Genau diese Frage wurde im gleichnamigen Arbeitskreis der German UPA gestellt und eine Umfrage unter UX Professionals durchgeführt. Im folgenden Kap. 2 werden die Ergebnisse der Umfrage vorgestellt und damit der Status Quo beleuchtet. Anschließend werden in Kap. 3 konkrete Empfehlungen vorgestellt, die bereits heute beim UX Design for Sustainability unterstützen können. In Kap. 4 wird ein Blick auf Werkzeuge und Praktiken geworfen, die bereits heute zur Verfügung stehen, erweitert werden könnten oder neu zum Repertoire im UX Design for Sustainability hinzugefügt werden könnten. Das Buch endet mit einem Fazit und einem Blick in die Zukunft in Kap. 5.

Dieses Buch ist ein Aufruf zur Reflexion und zur Übernahme von Verantwortung. Es ermutigt UX Professionals, ihren Einfluss bewusst einzusetzen und nachhaltige Prinzipien in ihre Arbeit zu integrieren. Wir sind die Gestalter*innen der Zukunft, und es liegt in unserer Hand, eine Zukunft zu gestalten, die nicht nur ästhetisch ansprechend ist, sondern auch nachhaltig und lebenswert.

Literatur

Beckedahl, M. (2021, 29. April). Gorillas Start-up: Die neuen Verteilungskämpfe. netzpolitik.org. https://netzpolitik.org/2021/gorillas-start-up-die-neuen-verteilungskaempfe/.

Belkhir, L. & Elmeligi, A. (2018). Assessing ICT global emissions footprint: Trends to 2040 & recommendations. Journal of Cleaner Production, 177, 448–463. https://doi.org/10.1016/j.jclepro.2017.12.239.

Berkhout, F. & Hertin, J. (2001). Impacts of Information and Communication Technologies on Environmental Sustainability: Speculations and Evidence. Report to the OECD, Frans Berkhout and Julia Hertin, University of Sussex, United Kingdom.

Borthwick, M., Tomitsch, M., & Gaughwin, M. (2022). From human-centred to life-centred design: Considering environmental and ethical concerns in the design of interactive products. Journal of Responsible Technology, 10, 100032.

Cababa, S. (2023). *Closing the Loop: Systems Thinking for Designers*. Rosenfeld.

Clasen, K. (o. D.). *Life-centered Design*. Katharina Clasen. https://katharinaclasen.com/lifecentered design.

Clasen, K. (2023, März 13). *7 Opportunities for a Shift Towards Life-centered Design*. Katharina Clasen. https://katharinaclasen.com/blog/7-opportunities-for-a-shift-towards-life-centered-design.

Clasen, K. & Clasen, T. (o. D.). LifeCenteredDesign.Net. LifeCenteredDesign.Net.

Code of Conduct. (o. D.). German UPA. https://germanupa.de/wir/berufsverband/code-of-conduct.

Design for Good. (o. D.). Design For Good. https://designforgood.org/.

Design Declares. (o. D.). Design Declares. https://designdeclares.com/.

EcoGrader. (o. D.). https://ecograder.com/.

Farfan, J., & Lohrmann, A. (2023). Gone with the clouds: Estimating the electricity and water footprint of digital data services in Europe. Energy Conversion and Management, 290, 117225. https://doi.org/10.1016/j.enconman.2023.117225.

Fossheim, S. L. (o. D.). Ethical Design Guide. https://ethicaldesign.guide/.

Freitag, C., Berners-Lee, M., Widdicks, K., Knowles, B., Blair, G. S. & Friday, A. (2021). The real climate and transformative impact of ICT: A critique of estimates, trends, and regulations. Patterns, 2, 1–18. https://doi.org/10.1016/j.patter.2021.100340.

Gall, T., Vallet, F., Douzou, S., & Yannou, B. (2021). Re-defining the system boundaries of human-centred design. Proceedings of the Design Society, 1, 2521–2530.

German UPA. (o. D.). *Arbeitskreis Design for Sustainability*. https://germanupa.de/arbeitskreise/arbeitskreis-design-sustainability.

Greenwood, T. (2021). Sustainable Web Design. A Book Apart.

Hassenzahl, M. (2008). User experience (UX): towards an experiential perspective on product quality. Proceedings of the 20th International Conference of the Association Francophone d'Interaction Homme-Machine, 11–15. https://doi.org/10.1145/1512714.1512717.

Hassenzahl, M., Diefenbach, S. & Göritz, A. (2010). Needs, affect, and interactive products – Facets of user experience. Interacting with Computers, 22, 5, 353–362. https://doi.org/10.1016/j.intcom.2010.04.002.

Helne, T. & Hirvilammi, T. (2019). Having, Doing, Loving, Being: Sustainable Well-Being for a Post-Growth Society. In E. Chertkovskaya, A. Paulsson & S. Barca (Hrsg.), Towards a Political Economy of Degrowth. Rowman & Littlefield International.

Huber, S. (2021, 28. Januar). *What is planet-centric design?* Medium. https://samuelhuber.medium.com/what-is-planet-centric-design-8d1754b52fba.

IAPUX. (o. D.). *Focus Areas – UX Accreditation*. Internationales Akkreditierungsprogramm für UX Professionals. Abgerufen am 19. April 2024, von https://ux-accreditation.org/focus-areas/.

International Organization for Standardization. (2018). Ergonomics of human-system interaction – Part 11: Usability: Definitions and concepts (ISO Standard No. 9241–11:2018).

International Organization for Standardization. (2019). Ergonomics of human-system interaction – Part 210: Human-centred design for interactive systems (ISO Standard No. 9241–210:2019).

Jia, S. S., Gibson, A. A., Ding, D., Allman-Farinelli, M., Phongsavan, P., Redfern, J., & Partridge, S. R. (2022). Perspective: Are Online Food Delivery Services Emerging as Another Obstacle to Achieving the 2030 United Nations Sustainable Development Goals? Frontiers in Nutrition, 9, 858475. https://doi.org/10.3389/fnut.2022.858475.

Jonas, T. (2022). *Sustainable UX – Or how UX can (hopefully) save the world* [Videoaufnahme Vortrag], https://youtu.be/q9ziJOMQwak.

Leung, J. C. Y. (2020). Design for humanity: a design-phase tool to identify and assess inadvertent effects of products and services (Doctoral dissertation, Massachusetts Institute of Technology).

Life-centered Design Collective. (2023, Januar). *Life-centered Design Collective*. https://lifecentereddesign.co/.

Life-Centered Design School. (o. D.). Life-Centered Design School. https://lifecentereddesign.school/.

Lima, M. (2023). The New Designer: Rejecting Myths, Embracing Change. The MIT Press.

Lin, D., Wambersie, L., & Wackernagel, M. (2023). Nowcasting the World's Footprint & Biocapacity for 2023. Global Footprint Network. https://www.overshootday.org/content/uploads/2023/06/Earth-Overshoot-Day-2023-Nowcast-Report.pdf.

Lowdon, B. (o. D.). Sustainable & Ethical methods library. Sustainable & Ethical Methods Library. https://bigspace.notion.site/Sustainable-Ethical-methods-library-1ef97928366e442a8e34efb7efc31709.

Lutz, D. (2023). The Non-Human Persona Guide: How to create and use personas for nature and invisible humans to respect their needs during design. Self-Published.

Lutz, D. (2024). *What is Life-centred Design?*. lifecentred.design. https://lifecentred.design/what-is-life-centred-design/.

McGovern, G. (2020). World Wide Waste: How Digital Is Killing Our Planet-and What We Can Do About It. Silver Beach.

Rau, F. (2021, 18. November). Lieferdienst Gorillas: Profit auf dem Rücken der Fahrer*innen. netzpolitik.org. https://netzpolitik.org/2021/lieferdienst-gorillas-profit-auf-dem-ruecken-der-fahrerinnen/.

Ross, J. (2014, Januar). The Business Value of Design – How do the best design performers increase their revenues and shareholder returns at nearly twice the rate of their industry counterparts?. Infragistics. https://www.infragistics.com/media/335732/the_business_value_of_user_experience-3.pdf.

Sheldon, K. M., Elliot, A. J., Kim, Y. & Kasser, T. (2001). What is satisfying about satisfying events? Testing 10 candidate psychological needs. Journal of Personality and Social Psychology, 80, 325–339.

Sheppard, B., Sarrazin, H., Kouyoumjian, G., & Dore, F. (2018). The business value of design. In McKinsey & Company. https://www.mckinsey.com/capabilities/mckinsey-design/our-insights/the-business-value-of-design.

Song, G., Zhang, H., Duan, H., & Xu, M. (2018). Packaging waste from food delivery in China's mega cities. Resources, Conservation and Recycling, 130, 226–227. https://doi.org/10.1016/j.resconrec.2017.12.007.

Sustainable Web Design. (2023, 21. November). *Introducing Digital Carbon Ratings – Sustainable web Design.* https://sustainablewebdesign.org/digital-carbon-ratings/.

SUX Network – Resource Collection & Event Calendar. (o. D.). SUX Network – Resource Collection & Event Calendar. https://suxnetwork.notion.site.

SUX – the Sustainable UX Network. (o. D.). SUX. https://sustainableuxnetwork.com/.

Tomitsch, M., Clasen, K., Duhart E., Lutz, D. (2024). Reflections on the Usefulness and Limitations of Tools for Life-Centred Design, In Proceedings of the Design Research Society conference (DRS), Design Research Society.

Tomitsch, M., Fredericks, J., Vo, D., Frawley, J., & Foth, M. (2021). Non-human personas: Including nature in the participatory design of smart cities. Interaction Design and Architecture (s), 50(50), 102–130.

Tomitsch, M. & Baty, S. (2023). Designing Tomorrow – Strategic Design Tactics to Change Your Practice, Organisation & Planetary Impact. BIS Publishers.

Papanek, V. (2019). Design For The Real World (3. Aufl.). Thames & Hudson Ltd.

Web Sustainability Guidelines. (o. D.). Sustainable Web Design. https://sustainablewebdesign.org/guidelines/.

Wholegrain Digital. (2024, Januar 3). Website Carbon Calculator v3 | What's your site's carbon footprint? Website Carbon Calculator. https://www.websitecarbon.com/.

2. Der Ausgangspunkt: Wo stehen wir heute und was brauchen wir in Zukunft?

Kathrin Rochow, Tanja Brodbeck und Ingo Waclawczyk

Zusammenfassung

Anknüpfend an die Diskussion in Kap. 1, welche die Verantwortung von UX Designer*innen im Hinblick auf eine ethische und nachhaltige Gestaltung der Zukunft thematisiert, widmet sich das aktuelle Kapitel der Frage wo UX Designer*innen in Deutschland heute auf der Reise zum „Design for Sustainability" stehen und was sie sich wünschen, um diese Reise erfolgreich zu beschreiten. Dieser Thematik wurde in einer Online-Umfrage auf den Grund gegangen, die im Folgenden im Detail beschrieben, analysiert und ausgewertet wird. Die Umfrage dient als Informationsquelle, um die notwendigen Maßnahmen, Methoden und Werkzeuge zu entwickeln, damit UX Professionals das Thema „Nachhaltigkeit" in ihrem Arbeitsalltag weiterentwickeln können. Es werden die grundlegenden Forschungsfragen der Umfrage beschrieben und es wird darauf eingegangen, mit welchen Methoden die Antworten der Teilnehmenden ausgewertet wurden. Ein wesentlicher Punkt ist hierbei die qualitative Inhaltsanalyse, deren Hintergründe, Methoden und Anwendung beschrieben werden. Bei der Einordnung der Antworten werden die grundlegenden Forschungsfragen reflektiert und vor allem die qualitativen Antworten in einen formativen und prospektiven Wirkungsraum eingeordnet. Basierend auf der Auswertung werden Hypothesen aufgestellt, die zeigen, wie die

---

K. Rochow (✉)
Konstanz, Deutschland

T. Brodbeck
Esslingen am Neckar, Deutschland
E-Mail: me@tanjabrodbeck.de

I. Waclawczyk
Hilden, Deutschland

© Der/die Autor(en), exklusiv lizenziert an Springer Fachmedien Wiesbaden GmbH, ein Teil von Springer Nature 2025
O. Lange und K. Clasen (Hrsg.), *User Experience Design und Sustainability*,
https://doi.org/10.1007/978-3-658-45048-9_2

Weiterentwicklung von Nachhaltigkeit im Bereich „UX-Design" über den Arbeitskreis am wirkungsvollsten unterstützt werden kann.

2.1 Die Quelle: Eine Online-Umfrage in der UX Community

Nach der Gründung des neuen Arbeitskreises „Design for Sustainability" auf der German UPA Versammlung Anfang des Jahres 2023 auf Initiative von Olga Lange und Katharina Clasen haben die Mitglieder des neuen Arbeitskreises in der initialen Phase intensiv darüber diskutiert, was in der deutschen UX Community konkret benötigt wird, um das Thema „Nachhaltigkeit" in den Arbeitsalltag zu integrieren. In den monatlichen virtuellen Treffen von Mai bis Juni 2023 ist die Idee entstanden, auf dem jährlichen UX Festival in Erfurt eine Barcamp-Session des Arbeitskreises anzubieten, um so im direkten Kontakt mit den anderen UX Professional zu erfahren, wie ihre konkreten Erfahrungen sind und welche Hilfsmittel sie benötigen.

Die Session fand unter dem Titel „Welche Methoden und Werkzeuge sind für eine nachhaltige Entwicklung von Produkten, Prozessen und Dienstleistungen notwendig? Wie können wir die Zukunft gestalten?" statt. Im Barcamp wurde mit den Teilnehmenden intensiv diskutiert und die Erkenntniss mitgenommen, dass es einen Bedarf nach mehr Informationen darüber gibt, was Nachhaltigkeit für UX Design bedeutet und welche methodischen Grundlagen und Prozesse es gibt, um das Thema praktisch und strategisch in Organisationen einzuführen.

Im Anschluss an das UX Festival hat der Arbeitskreis die Ergebnisse der Barcamp Session gesichtet und diskutiert. Es wurde die Hypothese aufgestellt, dass vor der Beantwortung der Frage nach konkreten Methoden und Werkzeugen zunächst geklärt werden müsste, was die UX Professionals über das relativ neue Thema „Nachhaltigkeit im UX Design" im allgemeinen wissen oder denken und welche Erfahrungen sie bisher damit gemacht haben. In der Diskussion im Arbeitskreis ist daher die Idee entstanden, eine Online Umfrage in der UX Community durchzuführen, um auf Grundlage der Erkenntnisse der Auswertung zu entscheiden, in welcher Art und Weise der Arbeitskreis „Design for Sustainability" die UX Professionals am besten unterstützen kann. Als Grundlage für die Umfrage wurden die folgenden Forschungsfragen formuliert:

Grundlegendes Verständnis von Nachhaltigkeit im UX Kontext:
Wie definieren UX Professionals den Begriff „Nachhaltigkeit" im Kontext ihrer beruflichen Tätigkeit?

Zufriedenheit und Bedarfe hinsichtlich der Integration von Nachhaltigkeit:
In welchem Ausmaß sind UX Professionals mit der aktuellen Integration von Nachhaltigkeit in ihre Arbeit zufrieden, und welche Bedarfe sehen sie für eine verbesserte Integration?

Erfahrungen und Hindernisse bei der Integration von Nachhaltigkeit:
Welche Erfahrungen haben UX Professionals in der Vergangenheit mit der Integration von Nachhaltigkeitsaspekten in ihre Arbeit gemacht, und welche Hindernisse traten dabei auf?

Erwartungen und Bedürfnisse für zukünftige Veränderungen:
Welche Erwartungen haben UX Professionals an Veränderungen in ihrem Berufsumfeld, um die Integration von Nachhaltigkeit in Zukunft zu verbessern, und welche Bedürfnisse sehen sie dabei?

Bei der Ausgestaltung der Umfrage hat sich der Arbeitskreis intensiv mit der Frage beschäftigt, ob die Fragen eher als geschlossene oder offene Fragen formuliert werden sollten. Es wurde abgewogen, ob die Vorteile der geschlossenen Fragen (schnellerer Beantwortung der Fragen und einfachere Auswertung) oder die Vorteile der offenen Fragen (Raum für individuelle Meinungsäußerungen) wichtiger für die Erkenntnisse in Bezug auf die Forschungsfragen sind.

Bei der Diskussion um die Wahl der Fragemethoden wurde auch der German UPA Arbeitskreis User Research einbezogen, die mit ihrer Expertise in Bezug auf Umfragen wertvolle Erkenntnisse und Verbesserungsvorschläge eingebracht haben.

Am Ende der Diskussion hat sich der Arbeitskreis dazu entschieden, die Umfrage mit einer Kombination von geschlossenen und offenen Fragen durchzuführen, wobei die offenen Fragen ganz gezielt so erstellt wurden, dass sie auf die Meinungen, Erfahrungen und Erwartungen der UX Professionals eingehen. Die geschlossenen Fragen bezogen sich eher auf eindeutige Fragestellungen und demografische Daten.

Die finale Online-Umfrage, die der Arbeitskreis mit den verantwortlichen Stellen der German UPA abgestimmt hat, um im Bereich des Datenschutzes die entsprechenden Vorgaben zu erfüllen, umfasste insgesamt 14 Fragen, davon fünf offene Fragen und neun geschlossene Fragen. Die Umfrage wurde auf der offiziellen Webseite des German UPA Arbeitskreises „Design for Sustainability" eingebunden und war im Zeitraum von Mitte Oktober 2023 bis Mitte November 2023 öffentlich erreichbar. Die Aufforderung zur Teilnahme wurde mit Posts der German UPA auf den offiziellen LinkedIn Profilen kommuniziert, sowie in den beruflichen und privaten Netzwerken der Arbeitskreis Mitglieder.

Mitte November 2023 wurde die Umfrage beendet, der Link auf der Webseite deaktiviert und die Ergebnisse der Eingaben der insgesamt fünfzig Teilnehmenden gesichtet. Wie erwartet konnte die Auswertung der geschlossenen Fragen mit relativ geringem Aufwand erstellt werden. Allerdings sah sich der Arbeitskreis angesichts der großen Anzahl und der unterschiedlichen Qualität der Beiträge in den offenen Fragen vor die Frage gestellt, wie eine sinnvolle Strukturierung und methodisch fundierte Auswertung durchgeführt werden kann.

Da einige Mitglieder des Arbeitskreises bereits praktische Erfahrungen mit der Auswertung von qualitativen Umfragen gewonnen haben, kam die Idee auf, für diese Auswertung die Methode der „qualitativen Inhaltsanalyse" nach Mayring (2015) einzusetzen.

2.2 Qualitative Inhaltsanalyse: Hintergrund, Methodik und Adaption

Philipp A. E. Mayring ist Psychologe, Soziologe und Pädagoge – vor diesem Hintergrund gilt er ebenso als Mitbegründer der qualitativen Inhaltsanalyse (Mayring, 2015). Bis zu seiner Pensionierung im Jahr 2017 beschäftigte er sich u. a. als Professor für die Psychologische Methodenlehre an der Universität Klagenfurt weiterhin mit Methoden qualitativer Forschung (*Prof. Dr. Philipp Mayring*, o. J.).

Mayring sah bereits in den 1980er Jahren im Rahmen eines Forschungsprojekts die Notwendigkeit für ein effizientes Verfahren, um die große Menge an Material aus ca. 600 Interviews anhand unterschiedlicher Kriterien auszuwerten, woraus sich schlussendlich die sogenannte qualitative Inhaltsanalyse entwickelte (Mayring, 2010).

Die qualitative Inhaltsanalyse nach Mayring ist eine Auswertungsmethode, die insbesondere für Textmaterial aus unterschiedlicher Quellen (z. B. Transkripte von Interviews, offene Fragestellungen aus Umfragen, Zeitungsartikel oder Materialien aus dem Internet) geeignet ist (Mayring & Fenzl, 2014). Diese Methodik besticht durch ein charakteristisches Zusammenspiel zwischen einer qualitativen Textanalyse, den Techniken der quantitativen Analyse zur Bewältigung großer Materialmengen, sowie dem regelgeleiteten, intersubjektiv überprüfbaren Vorgehen. Insbesondere die sogenannte Kategoriengeleitetheit stellt ein besonderes Merkmal bzw. gleichzeitig das eigentliche Instrument der Inhaltsanalyse nach Mayring dar (Mayring & Fenzl, 2014).

2.2.1 Hintergrund und Entstehung

Mayring (2015) nennt in seinem Grundlagenwerk zur Qualitativen Inhaltsanalyse die aus seiner Sicht relevanten Erkenntnisse zum Umgang mit Text- oder Sprachmaterial in den Sozialwissenschaften. Eine Auswahl davon wird im Folgenden präsentiert, da diese Aspekte gleichzeitig einen Einblick in den Ausgangspunkt und die Herangehensweise Mayrings darstellen, um schlussendlich die qualitative Inhaltsanalyse zu entwickeln:

2.2.1.1 Synthese von qualitativen und quantitativen Analyseverfahren

Mayring (2023) beschreibt, dass qualitative Forschung noch immer nicht durchweg innerhalb der Sozialwissenschaft als gleichwertiger Ansatz anerkannt wird. Aus seiner Sicht wurde das qualitative Denken bisher tendenziell vernachlässigt – mit der Folge, dass es „in vielen Bereichen zu verzerrten, unbrauchbaren Ergebnissen" (Mayring, 2023, S. 19) kam.

Innerhalb der Sozialwissenschaft findet zudem eine stärkere Betonung des Subjekts statt. Dies wiederum hat zur Folge, dass vermehrt mit sogenannten „offenen, weichen Methoden" (Mayring, 2015, S. 130) gearbeitet wird, woran sich die Auswertungsmethoden ebenso orientieren müssen. Dieser Anspruch spiegelt sich auch in dem von Mayring formulierten Postulat 1 wider: „Gegenstand humanwissenschaftlicher Forschung sind immer Menschen, Subjekte. Die von der Forschungsfrage betroffenen Subjekte müssen Ausgangspunkt und Ziel der Untersuchungen sein" (Mayring, 2023, S. 19).

Dabei bergen sowohl die rein qualitativen, als auch rein quantitativen Ansätze individuelle Vor- und Nachteile: Quantitative Forschung könne dazu neigen, die Subjektivität der Befragten nicht ausreichend abzubilden, dafür lassen sich aus quantitativen Ergebnisse besser verallgemeinerbare Aussagen treffen. Qualitative Forschung wiederum spiegele tendenziell Einzelfälle aus kleinen Stichproben wieder, die sich eben nicht in allgemeingültig Hypothesen oder Kausalketten überführen lassen, dafür aber die Forschungssubjekte in ihrer Tiefe besser erfassen können (Mayring, 2023). Allerdings hinterfragt Mayring im Postulat 5 die Annahme, dass aus quantitativen Methoden heraus zwangsläufig Ergebnisse entstehen würden, aus denen sich allgemeingültige Aussagen extrahieren lassen: „Die Verallgemeinerbarkeit der Ergebnisse humanwissenschaftlicher Forschung stellt sich nicht automatisch über bestimmte Verfahren her; sie muss im Einzelfall schrittweise begründet werden" (Mayring, 2023, S. 22).

Vor diesem Hintergrund liegt der Gedanke nahe, diese zwei Strömungen in der Forschung zu kombinieren, um bei der Beantwortung komplexer Forschungsfragen von den Vorteilen beider Ansätze profitieren zu können (Mayring, 2023). Bei der Verbindung von qualitativer und quantitativer Analyse ist es nach Mayring (2015) ebenso essenziell zuerst die qualitativen Schritte zur Analyse klar zu definieren und dann im Anschluss zu identifizieren, wo quantitative Schritte sinnvoll integriert werden können. Hinsichtlich der qualitativen Inhaltsanalyse bedeutet dies, die Vorteile einer systematischen Technik praktisch anwenden zu können, ohne dass direkt und evtl. auch vorschnell Verallgemeinerungen aufgrund von Quantifizierungen entstehen (zitiert nach Mayring, 2023, S. 97).

2.2.1.2 Weiterentwicklung der Grundformen des Interpretierens zu wissenschaftlichen Auswertungstechniken

Bei Betrachtung der bisherigen inhaltsanalytischen Techniken ist nach Mayring (2015) erkennbar, dass die Methodik Inhaltsanalyse das Potenzial zur Weiterentwicklung zu einem standardisierten, methodisch kontrollierten Vorgehen birgt. Für Mayring (2015) lässt sich die Grundstruktur von bisherigen Analysetechniken mit den folgenden Formen des Interpretieren beschreiben: Zusammenfassung, Explikation und Strukturierung. Diese können nach seinem Verständnis zu wissenschaftlichen Auswertungstechniken weiterentwickelt werden – und zwar „[d]urch Differenzierung in einzelne Analyseschritte, Aufstellen von Ablaufmodellen und Formulierung von Interpretationsregeln" (Mayring, 2015, S. 130). Auf diese Art und Weise durchgeführte qualitative Inhaltsanalysen lassen sich an sozialwissenschaftlichen oder auch inhaltsanalytischen Gütekriterien messen.

2.2.2 Ablauf und Methodik

Die zuvor genannten Grundformen des Interpretierens – Zusammenfassung, Explikation und Strukturierung – stellen auch die Basis der unterschiedlichen Ablaufmodelle dar, die von Mayring für die qualitative Inhaltsanalyse entwickelt wurden. Bei der Zusammenfassung soll das Material insoweit reduziert werden, dass das Wesentliche erhalten bleibt. Im Rahmen der Explikation kann zu Textteilen bei Bedarf zusätzliches Material verwendet werden, um jene anhand des dadurch gewonnenen Kontextverständnisses besser erläutern und deuten zu können. Die Strukturierung dient schlussendlich dazu, anhand zuvor festgelegter Kriterien gewisse Aspekte innerhalb des Materials zu finden oder die Texte anhand jener zu bewerten bzw. einzuschätzen (Mayring, 2023).

Während die Zusammenfassung und Explikation wichtige Vorstufen sind, um das Material zu erfassen und zu verstehen, findet die eigentliche Kategorienbildung in der Phase der Strukturierung statt: Die zuvor identifizierten und zusammengefassten Inhalte können so weiter analysiert und anhand der vorab definierten Kriterien systematisch in Kategorien organisiert werden. Schlussendlich führt dieses Verfahren dazu, die Muster und Zusammenhänge innerhalb des Textmaterials erkennen und interpretieren zu können.

Demnach stellt der erste Schritt die Einordnung des Gegenstands der Analyse dar, auch hinsichtlich der zu beantwortenden Fragestellung dahinter. Damit ein streng regelgeleitetes Vorgehen gewährleistet ist, wird vorab als ein deduktives Element ein Selektionskriterium (oder auch eine Kategoriendefinition) zusammen mit dem Abstraktionsniveau bestimmt. Jene entstehen mit der theoretischen Betrachtung des Gegenstands und Analyseziels und dienen als eine Art Definition im Hintergrund, anhand derer jede Zeile eines Textmaterials durchgearbeitet werden kann. Die Kategorien selbst werden jedoch induktiv aus dem Text heraus gebildet: Insofern eine Textstelle der Definition entspricht, sodass sie zur Auswertung berücksichtigt wird, kann daraus eine Kategorienbezeichnung abgeleitet werden. Die Namensgebung soll sich dabei möglichst nah an der Formulierung innerhalb des Textmaterials orientieren. Sobald andere Textstellen zu dieser bereits induktiv gebildeten Kategorie passen, werden jene dieser zugeordnet (Subsumption). Insofern eine Textstelle die allgemeine Definition erfüllt, aber in keiner der bisher gefundenen Kategorienbezeichnungen wiederzufinden ist, kann jederzeit eine neue, induktiv gebildete Kategorie formuliert werden. Dieses Vorgehen sollte idealerweise zunächst bei ca. 10 bis 50 % des gesamten Textmaterials durchgeführt werden, um an diesen Punkt das Kategoriensystem zu überprüfen und gegebenenfalls zu überarbeiten. Danach können ein finaler Durchgang des gesamten Materials erfolgen und im Anschluss daran die gebildeten Kategorien schlussendlich zur weiteren Auswertung verwendet werden – wie die Beantwortung der ursprünglichen Fragestellung oder auch quantitative Analysen (Mayring & Fenzl, 2014).

2.2.3 Adaptionen für unseren Anwendungsfall

Es wurden fünf von insgesamt 14 Fragen mittels offener, qualitativer Fragestellungen formuliert, um Antworten zur Bearbeitung der Forschungsfragen einzuholen. Bei den abzufragenden Themen und Aspekten dieser fünf Fragen wurde entschieden, einen möglichst ergebnisoffenen Ansatz anzuwenden, anstatt im Vorfeld einige der erstellten Hypothesen bzw. Antwortmöglichkeiten vorzugeben. Zudem stellt dieses Forschungsgebiet für alle Beteiligten ein noch recht neues Feld dar, sodass nunmehr wenig Vorwissen und Erfahrungswerte mit eingebracht werden konnten, um beispielsweise geschlossene bzw. quantitative Fragestellungen daraus zu formulieren.

Zur Auswertung der qualitativen Fragen sollte zudem eine anerkannte und erprobte Methode angewendet werden, sodass die Aussagen und Kernelemente der Antworten so ergebnisoffen und hypothesenfrei ausgewertet werden können. Dafür eignet sich besonders die qualitative Inhaltsanalyse nach Mayring (2015), deren Ausgangspunkt ein explorativer Ansatz bei der Sichtung des vorhandenen Datenmaterials darstellt. Aufgrund dessen ist diese Auswertungsmethode in sich von Anfang an frei von Vorüberlegungen jeglicher Art (Lamnek & Krell, 2016). Zudem kann sie bei unterschiedlichen Ausgangsmaterialien angewendet werden, auch offene Fragestellungen in Form von Umfragen oder anderen standardisierten Befragungen werden explizit genannt (Mayring & Fenzl, 2014). Ferner lagen Antworten von insgesamt 50 Teilnehmenden der Umfrage vor, sodass auch deswegen von einem Ansatz profitiert werden konnte, dessen Ausgangspunkt die Auswertung großer Materialmengen darstellt.

Die drei Grundformen des Interpretierens (Zusammenfassung, Explikation und Strukturierung) wurden im vorliegenden Anwendungsfall wie folgt umgesetzt:

- **Zusammenfassung:** Die Quelle des Textmaterials stellt eine Umfrage dar, sodass keine Transkripte oder anderweitig in der Masse umfängliches Material vorlag. Demnach wurde bis zum letzten Schritt der Strukturierung ausschließlich mit den vollständigen Antworten gearbeitet, die die Teilnehmenden im Fragebogen angegeben hatten.
- **Explikation:** Zwar konnten vereinzelt gewisse Antworten und Teilaspekte nicht weiter interpretiert, nachvollzogen oder verstanden werden – allerdings konnten in diesen Fällen keine Anhaltspunkte gefunden werden, um diese Antworten mittels erweiterten Materials schlussendlich erschließen zu können.
- **Strukturierung:** Dieser Teilschritt stand eindeutig im Fokus der Auswertungsarbeit und orientierte sich stark an einem regelgeleiteten Vorgehen orientiert an Mayring, um mittels induktiver Kategorienbildung die Texte und deren inhaltlichen Aspekte zu analysieren.

Es wurde der Ansatz der induktiven Kategorienbildung befolgt, um möglichst ergebnisoffene Erkenntnisse aus dem Textmaterial der Umfrage zu erhalten, die der Beantwortung der Forschungsfragen dienen. Ebenso wurde die Empfehlung berücksichtigt, das Kategoriensystem nach der Bearbeitung eines gewissen Anteils des Textmaterials zu überprüfen und anzupassen.

Rückblickend ist bei der Anwendung der qualitativen Inhaltsanalyse nach Mayring aufgefallen, dass dies ein fundierter und methodisch durchdachter Ansatz nicht nur zur qualitativen, sondern auch systematischen Analyse von Textmaterial darstellt. Durch die Struktur, aber auch die inhärente Flexibilität war es möglich, die jeweiligen Aussagen der Umfrageteilnehmenden auf eine effektive Weise zu erfassen, zu interpretieren und zu verstehen. Zudem konnte durch die Anwendung der qualitativen Inhaltsanalyse nach Mayring sichergestellt werden, dass die Ergebnisse zuverlässig, valide und aussagekräftig sind, sodass eine Annäherung an die Antworten auf die Forschungsfragen stattfand.

2.3 Ergebnisse

Im Folgenden werden Proband*innen-Zitate durch Anführungszeichen und eine kursive Schreibweise kenntlich gemacht. Alle Zitate sind wortwörtlich der Umfrage entnommen.

2.3.1 Die Bedeutung von Nachhaltigkeit

Ähnlich dem Begriff der „User Experience" ist auch Nachhaltigkeit ein komplexes Konzept, das von UX Professionals auf unterschiedliche Weise wahrgenommen, interpretiert und in ihrem Arbeitsalltag integriert wird. Diese Vielfalt an Interpretationen führt oft zu vagen Diskussionen und unklaren Richtlinien bezüglich nachhaltiger Maßnahmen oder Methoden im Bereich des Sustainable UX. Die Unterschiede in der Wahrnehmung und Auslegung des Konzepts werfen Fragen auf und bedingen eine Vielzahl von Ansätzen, wie Nachhaltigkeit effektiv und erfolgreich in die digitale Produktentwicklung integriert werden kann. Aus diesem Grund hat sich die Umfrage zuerst mit der Thematik beschäftigt, wie UX Professionals den Begriff „Nachhaltigkeit" im Kontext ihrer beruflichen Tätigkeit definieren.

Die Antworten waren vielfältig und facettenreich, dennoch lassen sich klare Tendenzen oder Bereiche erkennen, in denen das Thema Nachhaltigkeit für User Experience Professionals zum Tragen kommt.

Übergeordnet lassen sich die Antworten zwei Wirkungsräumen zuordnen: dem **formativen (unmittelbaren)** und dem **prospektiven (mittelbaren)** Wirkungsraum (siehe Abb. 2.1). Diese beiden Phasen oder „Räume" bieten den UX Expert*innen die Gelegenheit, Nachhaltigkeit nicht nur während der Produktentwicklung durch gezielte Strategien und Maßnahmen (unmittelbar) zu fördern und zu integrieren, sondern auch darüber hinaus langfristige (mittelbare) Veränderungen bei den Nutzenden zu bewirken.

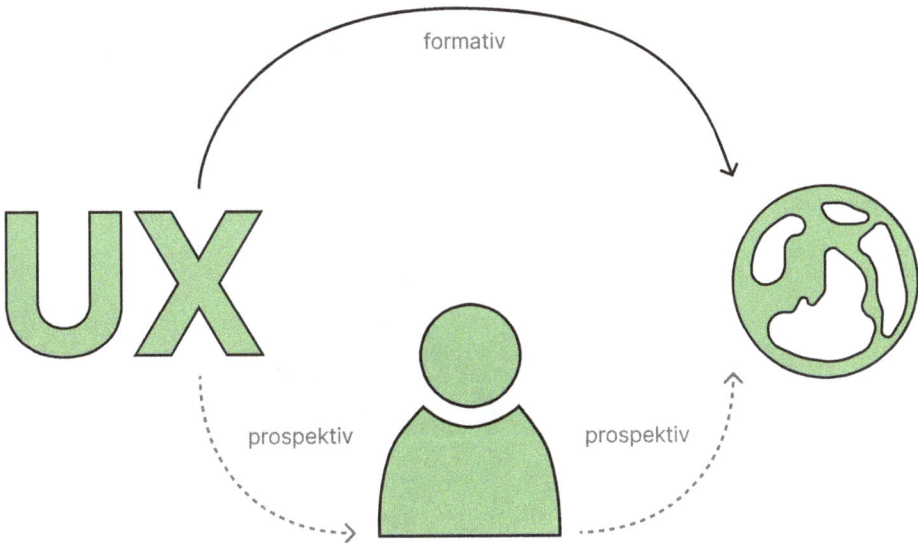

Abb. 2.1 Formativer (unmittelbarer) und prospektiver (mittelbarer) Wirkungsraum

2.3.1.1 Der formative Wirkungsraum

Der **formative** (unmittelbare) Wirkungsraum umfasst die konzeptionelle bzw. Entwicklungsphase eines (digitalen) Produkts, Systems oder einer Dienstleistung. In dieser frühen Phase der Produktentwicklung können UX Professionals durch aktives Gestalten und Mitentscheiden unmittelbar, formend auf die Nachhaltigkeit des Produkts einwirken. Beispielsweise können durch die Umsetzung datenschonender und ressourcensparender Designentscheidungen die ökologischen Auswirkungen eines Produkts reduziert werden.

Die überwiegende Anzahl der Antworten auf die Frage nach der Bedeutung von Nachhaltigkeit im UX Kontext konnten dem formativen Wirkungsraum zugeordnet werden. Über die Hälfte der Befragten (61 %) gaben an, durch ressourcenschonende und energieeffiziente Gestaltung sowie *„umweltfreundliche Entscheidungen während den UX design Prozessen"* die Nachhaltigkeit des Produkts zu beeinflussen. Ausschlaggebend dafür ist *„ein Bewusstsein für das Level der Energieeffizienz unterschiedlicher Visual Design Entscheidungen, Komponenten und Design Patterns"* sowie die Intention, *„keine unnützen Features, die Zeit und Ressourcen kosten"* zu entwickeln. Die Produktgestaltung soll durch das Reduzieren von Datenmengen, *„die durch das Internet geschickt und gespeichert werden […] schlank und minimalistisch"* gehalten werden. Auch der *„Verzicht auf Dark Patterns"* und *„digitale Barrierefreiheit"* waren Maßnahmen, die dem formativen Wirkungsraum zugeordnet werden können. Expert*innen gaben an, *„durch smartes Design, accessibility (zu) beachten"* und darauf zu achten *„Dark Patterns, die den Nutzer zu schädlichem Verhalten führen, zu unterlassen"*.

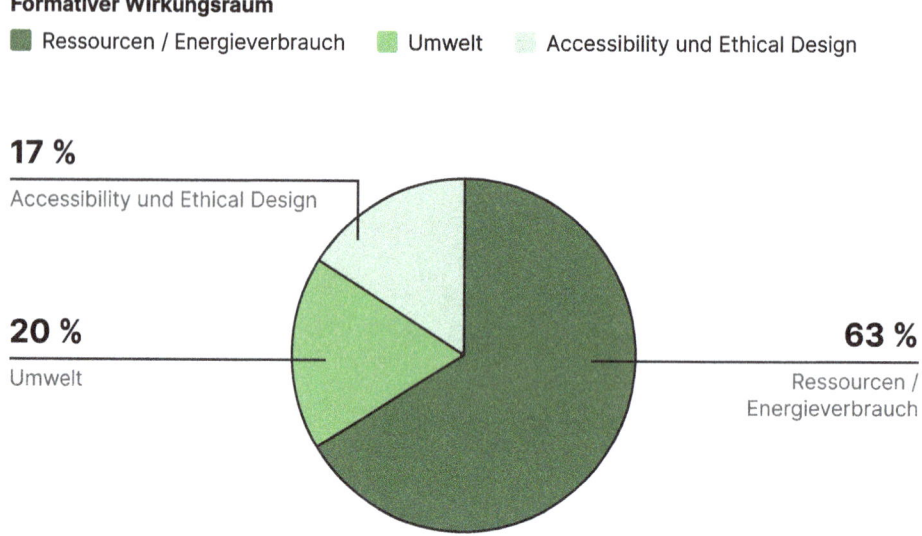

Abb. 2.2 Fokusthemen des formativen Wirkungsraums

Zusammenfassend lässt sich festhalten, dass Antworten aus dem formativen Wirkungsraum in drei Fokusthemen unterteilt werden können (siehe Abb. 2.2): Ressourcen- und Energieverbrauch, Umwelt- oder „planet-centered" Design sowie Accessibility und Ethical Design. Die Häufige Nennung dieser Themen in Bezug auf die Frage nach der Bedeutung von Nachhaltigkeit im UX Kontext lässt darauf schließen, dass Gestaltungsmaßnahmen in diesen Bereichen den UX Expert*innen relativ zugänglich und direkt im Arbeitsalltag anwendbar sind. Auch die unmittelbaren Auswirkungen der Maßnahmen auf die Produktgestaltung und das Erkennen erster Erfolge nachhaltiger Gestaltung noch vor dem Produkt Release sprechen für die Beliebtheit dieser drei Themenbereiche im formativen Wirkungsraum.

2.3.1.2 Der prospektive Wirkungsraum

Nur ein Viertel der Antworten (25 %) entfiel auf den **prospektiven** (mittelbaren) Wirkungsraum, der sich auf die Phase nach der Markteinführung des Produkts bezieht, in der das Produkt von den Nutzenden verwendet wird. Hier können angewandte Strategien und Gestaltungsmaßnahmen ihre Wirkung zeigen. Behavioral-Design Techniken bieten beispielsweise die Möglichkeit, gezielte Verhaltensänderungen bei den Nutzenden anzuregen, die wiederum zu einem nachhaltigeren Verhalten beitragen können. Antworten im prospektiven Wirkungsraum betonten beispielsweise, dass User durch „*Design for Behavior Change*" oder „*nudging […] subtil auf die Thematik (Nachhaltigkeit) sensibilisiert werden*" sollen, um ihr Verhalten „*positiv (zu) beeinflussen*" und nachhaltige oder ökologische Verhaltensweisen anzuregen. Außerdem wurde der Wunsch geäußert „*durch UX*

2 Der Ausgangspunkt: Wo stehen wir heute … 23

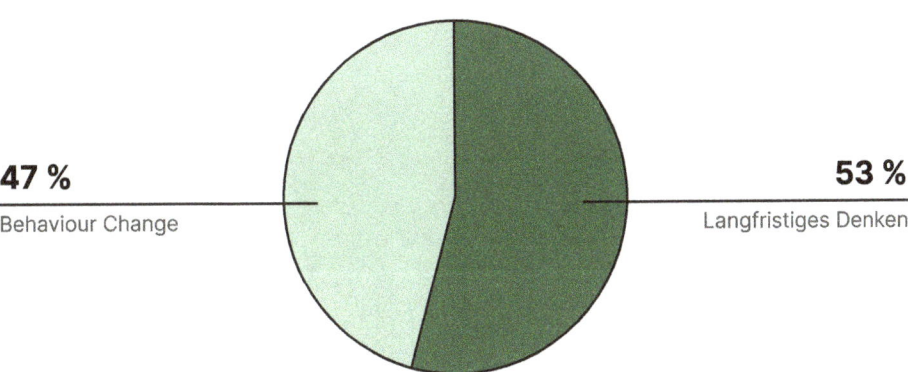

Abb. 2.3 Fokusthemen des prospektiven Wirkungsraums

das Verhalten hin zu nachhaltiger Nutzung von Produkten (zu) fördern". Auch langfristiges Denken spielt im prospektiven Wirkungsraum eine wichtige Rolle. Dies wird durch die Forderung nach *„langfristigem Design"* verdeutlicht, welches in seiner Gestaltung darauf abzielt, Produkte zu entwickeln, die *„langfristig genutzt werden können"* und dadurch *„Umwelt und dem Planeten langfristig gut tun"*.

Antworten aus dem prospektiven Wirkungsraum konnten somit zwei Fokusthemen zugeordnet werden: Behavioral Design und Langfristiges Denken (siehe Abb. 2.3). Die Nennungen dieser beiden Themen fallen im Verhältnis zu den Themenbereichen des formativen Wirkungsraums jedoch gering aus. Der Grund für die zögerliche Verwendung von Behavioral-Design oder langfristigem Denken zur Förderung von Nachhaltigkeit könnte darauf zurückzuführen sein, dass diese Maßnahmen nicht unmittelbar greifbar sind und die Auswirkungen auf das Produkt oder das Verhalten der Nutzenden zeitverzögert eintreten. Ohne anschließende Nutzertests und gezielte Untersuchungen des Nutzungsverhaltens bleiben die Expert*innen im Unklaren über den Erfolg der angewandten Gestaltungsstrategien.

2.3.1.3 Ein Zusammenspiel beider Wirkungsräume

Eine vergleichsweise geringe Anzahl der Befragten UX Expert*innen (13 %) unterstreicht die Wichtigkeit einer ganzheitlichen Herangehensweise und Integration von Nachhaltigkeit in ihrer beruflichen Praxis (siehe Abb. 2.4). Durch die *„ganzheitliche Betrachtung der eigenen Wertschöpfungsketten von Anfang bis Ende"* sollen *„soziale und technologische Nachhaltigkeit"* berücksichtigt werden. Hier wird betont, dass *„2 Perspektiven"*

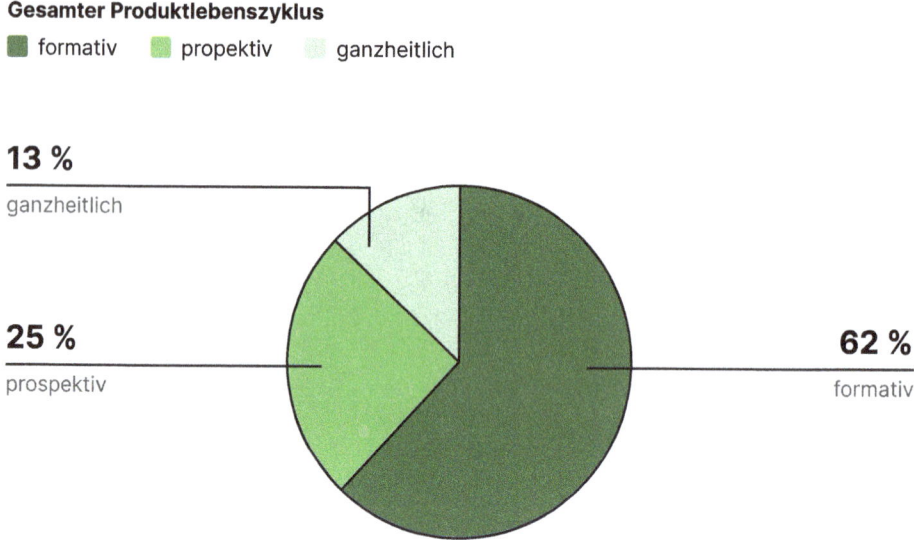

Abb. 2.4 Ganzheitliche Herangehensweise im Vergleich

von Bedeutung sind: *"Erstens die direkte Optimierung digitaler Produkte, sodass weniger Energie verbraucht wird (z. B. über Dateiformate u. Größe)"* und zweitens *"die Berücksichtigung sozialer und nachhaltiger Faktoren […] (wie wirkt das Produkt über den gesamten Lebenszyklus auf User, weitere Menschen und Natur"*. Die ganzheitliche Herangehensweise vereint Maßnahmen aus dem formativen und prospektiven Wirkungsraum und betrachtet somit den gesamten Produktlebenszyklus von der Gestaltung bis zur Anwendung des Produkts, Services oder der Dienstleistung. In diesem Zusammenspiel entfaltet sich für die UX Professionals ein erweiterter Handlungsspielraum, der nicht nur eine breitere Palette an Maßnahmen bietet, sondern auch ihre potenzielle Wirkung auf die Gestaltung einer nachhaltigeren Welt verstärkt.

2.3.1.4 Fazit: Synergien für ganzheitliche Nachhaltigkeit

Zusammenfassend lässt sich festhalten, dass „Nachhaltigkeit" trotz der vielschichtigen Bedeutung und Interpretation des Begriffs, im Arbeitsalltag von UX Professionals in zwei Bereichen des Produktlebenszyklus zum Tragen kommt: dem formativen und prospektiven Wirkungsraum. Hier zeigt sich eine klare Präferenz für Maßnahmen im **formativen** Wirkungsraum, insbesondere im Bereich der Ressourcen- und Energieeffizienz, die direkt umsetzbar sind und oft schnell sichtbare Ergebnisse erzielen. Dahingegen scheint die Nutzung von Behavioral Design und langfristigem Denken im **prospektiven** Wirkungsraum weniger verbreitet zu sein. Dies liegt möglicherweise daran, dass die langfristigen Auswirkungen auf das Nutzerverhalten schwer abzusehen oder zu bewerten sind. Erst durch das Zusammenspiel beider Wirkungsbereiche kann ein ganzheitlicher Ansatz verfolgt werden, der sowohl formative als auch prospektive Aspekte des Produktlebenszyklus berücksichtigt und so einen umfassenden Einfluss auf die langfristige Nachhaltigkeit digitaler Produkte ermöglicht.

2.3.2 Die Gegenwart: Viel versucht, wenig erreicht

2.3.2.1 Wie wird Nachhaltigkeit in den Arbeitsalltag integriert?

Im ersten Teil der Umfrage stand die Definition des Begriffs „Nachhaltigkeit" im beruflichen Kontext von UX Expert*innen im Vordergrund. Die Vielfalt der Antworten verdeutlicht die Komplexität des Themas und bietet einen ersten Einblick in die zahlreichen Strategien und Maßnahmen, durch welche Nachhaltigkeit im Arbeitsalltag von UX Professionals Anwendung findet. Unklar bleibt jedoch, wie häufig, effektiv und unter welchen Bedingungen die UX Expert*innen Nachhaltigkeitsmaßnahmen und -strategien in den Produktentwicklungsprozess integrieren können.

Im weiteren Verlauf der Umfrage gaben 56 % der Befragten an, dass es ihnen in der Vergangenheit bereits gelungen ist, Nachhaltigkeitsaspekte in ihre berufliche Tätigkeit als UX Expert*innen zu integrieren. Die genannten Beispiele für die Anwendung von Nachhaltigkeitsmaßnahmen entsprechen größtenteils den bereits beschriebenen Potenzialen des formativen und prospektiven Wirkungsraums.

So ist eine Bandbreite an Maßnahmen (44 %) dem Bereich *Ressourcen und Energieverbrauch* im formativen Wirkungsraum zuzuordnen. Darunter fallen die Reduzierung von Datenmengen um Speicherbedarf zu minimieren, die Implementierung von Design Systemen und Research Operations zur Prozessoptimierung und das Reduzieren unnötiger Interaktionsmomente, um die Nutzungseffizienz zu steigern. Ebenso wurden Green Coding-Praktiken als mögliche Nachhaltigkeitsmaßnahmen genannt, bei denen programmatische Entscheidungen darauf ausgerichtet sind, den Energieverbrauch der Anwendung zu minimieren.

Weitere Anwendungsbeispiele aus dem formativen Wirkungsraum waren Maßnahmen, die *Barrierefreiheit und Inklusivität* unterstützen (17 %). Auch Calm Technology Prinzipien[1] und der Verzicht auf Dark Patterns sind Praktiken die im Arbeitsalltag der UX Expert*innen Anwendung finden, um nachhaltige Interaktionen zu unterstützen.

Ein geringerer Anteil der Befragten (30 %) nannte konkrete Anwendungsbeispiele nachhaltiger Gestaltungsmaßnahmen aus dem prospektiven Wirkungsraum. Einige UX Expert*innen betonten, dass sie durch ihre Beteiligung an der Gestaltung nachhaltigkeitsfördernder Produkte, wie beispielsweise im Bereich E-Mobilität, Umweltschutz oder erneuerbare Energien einen Beitrag zur Nachhaltigkeit leisten können. Die positiven

---

[1] Calm Technology ist ein Konzept, das auf Mark Weiser und John Seely Brown zurückzuführen ist. Es beschreibt eine Herangehensweise an die Gestaltung von Technologie, bei der das Ziel darin besteht, Benutzerinteraktionen ruhig, unaufdringlich und intuitiv zu gestalten, um die Aufmerksamkeit des Benutzers nicht übermäßig zu beanspruchen.

Auswirkungen des Produkts sind zwar direkt und offensichtlich, resultieren jedoch weniger aus den gestalterischen Maßnahmen als vielmehr aus dem Anwendungszweck des Produkts selbst.

Als eine weitere prospektive Maßnahme zur Unterstützung der Nachhaltigkeit bei der Produktgestaltung äußerten einige UX Professionals die Absicht, ihr Fachwissen und ihre Erfahrung zu nutzen, um in ihrem unmittelbaren Arbeitsumfeld, sei es im Team oder bei Kunden, über nachhaltige Praktiken in der Produktentwicklung zu sprechen. Dadurch soll das Bewusstsein für Nachhaltigkeit im Team und auf Kundenebene gestärkt und das Engagement für nachhaltiges Handeln gefördert werden.

Zusammenfassend lässt sich festhalten, dass es der Mehrzahl der Befragten bereits gelungen ist, Nachhaltigkeit in ihre Tätigkeiten als UX Expert*innen zu integrieren. Besonders im formativen Wirkungsraum wurden diverse Nachhaltigkeitsmaßnahmen aus dem Themengebiet *Ressourcen und Energieverbrauch* genannt, die es den UX Professionals ermöglichen, einen direkten Einfluss auf die nachhaltige Gestaltung des Produktes zu nehmen.

2.3.2.2 Wo liegen die Herausforderungen?

Trotz der genannten Anwendungsbeispiele für nachhaltigkeitsfördernde Gestaltungsmaßnahmen ist eine deutliche Mehrheit der Umfrageteilnehmenden (68 %) unzufrieden mit dem Ausmaß, in dem sie das Thema Nachhaltigkeit in ihrer Tätigkeit als UX Professionals einbringen können.

Bei der Frage nach konkreten Herausforderungen verwiesen 40 % der Teilnehmenden auf fehlende Akzeptanz und Unterstützung des Arbeitgebers (siehe Abb. 2.5). Der Fokus auf finanzieller Rentabilität, mangelnde Investitionsbereitschaft in nachhaltige Maßnahmen und ein Defizit an Fachwissen werden als primäre Hindernisse genannt, die es den UX Expert*innen erschweren, Nachhaltigkeit effektiv in ihre beruflichen Tätigkeiten zu integrieren. So kann „*fehlendes mindset und fehlende KPIs*" sowie ein zu starrer Fokus auf den Return of Investment dazu führen, dass „*alle darüber hinaus anfallende(n| Aufwände […] vermieden werden*", weil „*Profit an höchster Stelle steht und Sustainability oft kein Thema ist*".

Ein weiterer Einflussfaktor, der oftmals mit der Einstellung des Arbeitgebers zusammenhängt, ist die Bereitschaft der Auftraggeber, Nachhaltigkeit als integralen Bestandteil und Anforderung an ihr Produkt oder ihre Dienstleistung zu definieren. Dieser Aspekt wurde von 28 % der Befragten als wesentliche Hürde bei der Integration von Nachhaltigkeit in die tägliche UX Praxis betrachtet. Die Haltung der Kunden ist ähnlich wie die des Arbeitgebers maßgeblich von der finanziellen Rentabilität beziehungsweise dem Wissen über eine profitable Umsetzung der Maßnahmen abhängig. Ohne „*strategische Anforderung/Priorität seitens Kunden*" und einer anwendbaren „*Strategie wie Nachhaltige Lösungen „verkauft" werden können*" fällt es den Kunden oftmals schwer, „*nachhaltige Lösungen „nach oben hin" (zu) rechtfertigen*". Dieser Mangel an Know How bezüglich der strategischen Anwendbarkeit von Nachhaltigkeit führt dazu, dass es „*für viele Kunden*

Abb. 2.5 Herausforderungen der Expert*innen um Nachhaltigkeit in ihren Arbeitsalltag zu integrieren

nicht immer nachvollziehbar (ist), warum Nachhaltigkeit ein Mehrwert ist" und somit ihre Bereitschaft, nachhaltige Produkte oder Dienstleistungen zu unterstützen beeinträchtigt.

Fehlende Expertise wurde von 17 % der Befragten als Grund für eine mangelnde Umsetzung nachhaltiger Gestaltungsmaßnahmen genannt. Die UX Expert*innen äußerten den Wunsch nach konkreten Strategien und Maßnahmen, *„best practices"* und Studien, die den *„Impact (von nachhaltigem UX Design) zeigen"* und ihnen *„neue Möglichkeiten aufzeigen"* wie Nachhaltigkeit erfolgreich in die tägliche UX Praxis integriert werden kann.

Für 14 % der Befragten ist *Zeit und Geld* ein ausschlaggebender Faktor, der sich darauf auswirkt, ob und in welchem Umfang Nachhaltigkeit bei der Produktgestaltung berücksichtigt werden kann. In Arbeitskontexten, in denen *„UX an sich schon kritisch beäugt"* wird und *„oft [...] nicht einmal Zeit und Budget dafür da ist, die richtigen User zu befragen"* wird Nachhaltigkeit selten priorisiert oder in den Arbeitsalltag integriert.

2.3.2.3 Fazit: Mehr Akzeptanz und Investitionsbereitschaft in Nachhaltigkeit

Über die Hälfte der UX Expert*innen gaben an, dass es ihnen in der Vergangenheit bereits gelungen ist, Nachhaltigkeitsaspekte in ihre berufliche Tätigkeit zu integrieren. Dennoch sind 68 % der Befragten unzufrieden mit dem Ausmaß, in dem sie konkrete Maßnahmen aktiv in ihrem Arbeitsalltag anwenden können. Trotz des breiten Spektrums an Möglichkeiten im formativen Wirkungsraum, die es UX Professionals ermöglichen, auf die nachhaltige Gestaltung von Produkten oder Dienstleistungen Einfluss zu nehmen – wie Datenreduzierung oder Green Coding, Calm Technology oder der Verzicht auf Dark Patterns – bleibt das Ausmaß und der Umfang der Gestaltungsmaßnahmen von verschiedenen Faktoren abhängig, auf die sie annehmen, nur teilweise Einfluss nehmen können.

Die größte Herausforderung liegt laut Umfrage an der internen Akzeptanz und der Unterstützung nachhaltiger Gestaltungsansätze vonseiten der Führungsebene. Eine zu rigide Ausrichtung auf finanzieller Rentabilität sowie ein Mangel an Bereitschaft, in nachhaltige Strategien, Leistungsindikatoren und Maßnahmen zu investieren, hemmen die Integration, Weiterentwicklung und den Ausbau nachhaltiger UX Praktiken. Zudem tragen die Anforderungen der Kund*innen sowie die verfügbaren Ressourcen maßgeblich dazu bei, Nachhaltigkeit als integralen Bestandteil der digitalen Produktgestaltung zu etablieren.

Die dargestellten Herausforderungen im Arbeitsalltag der UX Professionals legen nahe, dass es an einigen Stellen Raum für Optimierung gibt. Doch welche konkreten Veränderungen sind erforderlich, um in den nächsten Jahren eine verbesserte Integration von Nachhaltigkeit im Berufsumfeld der UX Experten*innen zu erreichen? Was muss sich ändern, um Nachhaltigkeitsmaßnahmen und -strategien erfolgreich in den Produktentwicklungsprozess integrieren zu können?

2.3.3 Die Wünsche für die Zukunft

Im ersten Teil der Umfrage wurden die UX Expert*innen hinsichtlich der Bedeutung von Nachhaltigkeit für ihre berufliche Praxis befragt. Zudem wurden konkrete Anwendungsfälle und Hindernisse identifiziert, die ihnen bei der Anwendung und Umsetzung nachhaltiger Maßnahmen und Strategien entgegenstehen. Im weiteren Verlauf der Befragung wurde der Fokus von der Gegenwart auf die Zukunft gelenkt und darauf, welche Veränderungen im Arbeitsumfeld der Expert*innen notwendig sind, um eine wirksamere Integration von Nachhaltigkeit zu ermöglichen.

Die meisten Antworten auf die Frage nach Veränderungspotenzial im beruflichen Kontext waren den Kategorien „Wissen und Expertise" (41 %) sowie „Bewusstsein oder Awareness" (24 %) zuzuordnen. Beide Themen beziehen sich sowohl auf das Wissen und das Bewusstsein der UX Professionals selbst als auch auf das ihrer Kunden, Arbeitgeber und die Gesellschaft im Allgemeinen. Wie aus den Antworten ersichtlich wurde, stehen

2 Der Ausgangspunkt: Wo stehen wir heute ...

die beiden Kategorien in enger Wechselbeziehung miteinander, da ein grundlegendes Verständnis von Nachhaltigkeit eine Voraussetzung für die Entwicklung eines entsprechenden Bewusstseins ist. Jedoch ist es möglich, ein gewisses Bewusstsein für die Thematik zu besitzen, auch wenn das Wissen oder die Expertise begrenzt sind.

Ein stärkeres Bewusstsein für das Thema Nachhaltigkeit wünschten sich die UX Expert*innen „*auf allen Ebenen*". Hier wird einerseits das gesamtgesellschaftliche Interesse an der Thematik betont: „*das Bewusstsein für Nachhaltigkeit müsste ganz allgemein viel stärker verankert sein*". Andererseits thematisieren sie das Defizit im eigenen Arbeitsumfeld:

> „*UX designer, produkt managers, engineers, stakeholders und die führungkräfte müssen sich dem Thema im digitalen Bereich bewusster werden und offen sein sie zu diskutieren und umzusetzen*".

Die Befragten fordern „*mehr Bewusstsein und vor allem Budget für dieses Thema bei Entscheider*innen*" und ein „*höheres Bewusstsein auf Führungsebenen, dass nachhaltige Transformation auch mit Investitionen verbunden ist*".

Die Antworten der Befragten verdeutlichen den Zusammenhang zwischen dem Fehlen von Nachhaltigkeitsbewusstsein in ihrem Arbeitsumfeld und dem vorhandenen Wissensstand:

> „*ich vermute, dass den Menschen noch wenig bewusst ist, inwieweit IT Dienstleistungen Ressourcen belastend sind*"

Um aus dem Bewusstsein für Nachhaltigkeit im digitalen Arbeitsumfeld konkrete Maßnahmen und Praktiken abzuleiten, wünschen sich einige UX Expert*innen „*mehr Wissen wie man effektiv Nachhaltigkeit umsetzt*".

Sie fordern passende „*Aus- und Weiterbildungen*", die ihnen „*konkrete Tipps und Handlungsempfehlungen*" oder „*mehr best practices [...] und guidelines*" vermitteln, die sie im Arbeitsalltag anwenden können. Generell äußern die Befragten des Öfteren das Bedürfnis nach konkreten Strategien und „*Handlungsideen – wo und wie [...] überall nachhaltig agiert werden (kann)*".

Ein weiterer Vorschlag zur Förderung von Nachhaltigkeit im Arbeitsalltag der UX Professionals sind die Einführung von „*entsprechenden Gesetzen*" oder „*klare gesetzliche Vorgaben, wie sich Unternehmen innerhalb der EU zu positionieren und verhalten zu haben.*" 17 % der Befragten erhofften sich durch gesetzliche Vorschriften, dass Nachhaltigkeit „*einen höheren Stellenwert*" bei Kund*innen bekommt, da „*das Gesetz [...] immer ein Argument (ist), den Kunden davon zu überzeugen*". Auch Arbeitgeber sollen durch gesetzliche Regelungen dazu angehalten werden, nachhaltige Unternehmensziele zu setzen und eine klare Strategie zur Förderung von Nachhaltigkeit zu verfolgen.

Diese Abhängigkeit zur Führungsebene wurde von 17 % der Befragten thematisiert. Um Nachhaltigkeit effektiver in ihren Arbeitsalltag zu integrieren, fordern einige UX

Professionals daher *„mehr Bewusstsein und vor allem Budget für dieses Thema bei Entscheider*innen"*. Erst wenn eine *„klare Vision und abgeleitete messbare Ziele (definiert werden), kann für Produktteams ein Arbeitsmodell (bereitgestellt werden), das (es ermöglicht, dass) nachhaltige Entwicklung auch in agilen Frameworks Platz findet"*.

2.3.3.1 Fazit: Eigene Expertise, mehr Aufmerksamkeit und Unterstützung

Die bedeutendsten Hindernisse auf dem Weg zur wirksameren Integration von Nachhaltigkeit in den Arbeitsalltag von UX Expert*innen liegen laut Umfrage an dem unzureichenden Bewusstsein für die Thematik sowie einem Mangel an Wissen über konkrete Strategien und Gestaltungsmaßnahmen. Dieses Defizit hat Auswirkungen auf gesellschaftlicher, gestalterischer als auch auf wirtschaftlicher Ebene und erweckt bei den UX Professionals den Bedarf nach konkreten Tools, Maßnahmen, Strategien und Richtlinien. Durch Handlungsempfehlungen sowie Aus- und Weiterbildungen soll die eigene Expertise gestärkt und der Möglichkeitshorizont für nachhaltige Produktgestaltung erweitert werden. Zusätzlich wünschen sich die Befragten eine verstärkte Aufmerksamkeit und Unterstützung für das Thema Nachhaltigkeit vonseiten der Führungsebene, um ein gemeinsames Verständnis und eine Handlungsrichtung zu etablieren, die in der Zukunft eine Transformation hin zur nachhaltigen Produktentwicklung ermöglicht.

2.3.4 Wie kann der Berufsverband – die German UPA – in Bezug auf das Thema Nachhaltigkeit & UX unterstützen?

Zuletzt wurden die Erwartungen an den Berufsverband German UPA hinsichtlich des Themenfeldes Nachhaltigkeit in Bezug auf User Experience abgefragt. Dabei ließen sich mehrere Kategorien identifizieren, wobei sich die meisten Antworten auf den Schwerpunkt Wissen und Expertise bezogen haben: Es ist einerseits Interesse an der Bereitstellung von Wissen zu diesem Themenfeld vorhanden, bspw. durch Vorträge, Workshops oder Webinare zur Erweiterung des eigenen Nachhaltigkeit-Verständnisses, aber auch mittels *„Argumentationshilfen und Analysen"* inklusive Fakten, Zahlen und Argumenten, die gegenüber Arbeitgebern, Stakeholdern oder Projektpartnern verwendet werden können. Demnach ist der Wunsch nach Wissen und Expertise aus zwei Blickwinkeln her zu leiten: Einerseits die Erweiterung der persönlichen Kenntnisse, um fundierte Entscheidungen hin zu einem nachhaltigeren Produktentwicklungs- bzw. Gestaltungsprozess zu treffen. Andererseits aber auch Weiterbildung; um Expertise mit dem Ziel, die Entscheidungsträger innerhalb eines Projekts, Unternehmens etc. zu überzeugen, nachhaltigen Prozessen vermehrt oder erstmals überhaupt Aufmerksamkeit und Ressourcen zu schenken.

Zudem wird ebenso der Wunsch nach konkreten Handlungsempfehlungen bzw. Orientierung mittels Guidelines, Templates oder Tipps für die Praxis deutlich. Dadurch, dass Nachhaltigkeit an sich und ebenso im Kontext von User Experience ein komplexes Zusammenspiel unterschiedlicher Faktoren darstellt, ist das Bedürfnis nach Hilfestellungen durchaus nachvollziehbar. Insgesamt wird deutlich, dass teilweise ein schon erweitertes Wissen in Bezug auf Nachhaltigkeit vorliegt, aber die Ableitung praxisnaher Methoden oder Richtlinien dennoch schwerfallen kann, sodass der Wunsch nach Unterstützung aufkommt. Dahinter können unterschiedliche Ausgangspunkte im Hintergrund stehen, z. B. ein pragmatisch- bzw. effizienzorientierter Arbeitsansatz, wie „[...] *einfache UX Sustainability-Sofort-Tipps, die sich in 80 % der Fälle anwenden lassen"* – oder auch der Wunsch danach, mittels klarer „*Action Items"* besser abschätzen und benennen zu können, „*wie der tatsächliche Impact dieser Handlungen wäre"*. Zusätzlich kann unter Umständen auch ein Bedürfnis nach Komfort zu erkennen sein: Anstatt für jedes Projekt neu zu definieren, inwieweit und auf welche Weise nachhaltige Gestaltungsmethoden integriert werden, könnten konkrete (und vom Berufsverband gestützte) Handlungsempfehlungen einerseits die Arbeit an sich erleichtern, aber auch die möglicherweise bestehenden Hürden zu Beginn, bspw. durch einen erleichterten Einstieg mittels Leitfäden, minimieren.

Bei einigen Antworten ist eine gewisse Orientierungslosigkeit oder Überforderung herauszulesen. Möglicherweise stehen Fragen dahinter, wie: Wo fangen wir an? Welche Möglichkeiten gibt es überhaupt? Wie setzen wir es um? Besonders vor diesem Hintergrund werden Ideen für Artefakte wie Checklisten, Guidelines, Handlungsideen/Best Practices sowie anwendbare Metriken-Sets für die Nutzerforschung genannt. Insbesondere Best Practices tauchen mehrfach in den Antworten auf, da diese als Inspirationsquelle und Motivationsstütze aufzeigen können, „*was man eigentlich alles tun kann"*. Anders formuliert können Best Practices oder auch sogenannte Leuchtturm-Projekte als Orientierungspunkte dienen, die in einem Nebel von komplexen Zusammenhängen in Bezug auf Nachhaltigkeit im UX-Kontext aufzeigen können, was getan werden kann und auf welchem Weg diese Ziel erreicht werden kann. Andere Antworten fokussieren sich wiederum auf direkt anwendbare Methoden und Frameworks, u. a., um nach außen hin zu kommunizieren, „*dass Nachhaltigkeit ein elementarer Bestandteil des menschzentrierten Gestaltungsprozesses ist"*. Nachhaltigkeit sollte demnach idealerweise einen Platz im Zentrum des Designprozesses einnehmen, anstatt als abstrakter Aspekt nebenbei – mal mehr, mal weniger – betrachtet zu werden. Dabei können etablierte Methoden und Frameworks eine gute Hilfestellung in Form eines Kommunikations-Vehikels darstellen – neben deren direkten, positiven Nutzen für die Konzeption und Gestaltung selbst.

Ein weiteres übergeordnetes Thema stellt der Wunsch dar, für Nachhaltigkeit im UX Kontext ein stärkeres Bewusstsein zu schaffen, vermehrt Aufklärung zu betreiben und innerhalb der gesamten Industrie eine stärkere Sensibilisierung zu bewirken. Dabei wurde auch konkret Lobbying („*Überzeugen von Unternehmen, Interessensverbänden"*) als Möglichkeit genannt, die genannten Punkte anzugehen. Ein Ansatzpunkt wäre bspw. die klare Benennung der finanziellen Nachteile, die für diejenigen Unternehmen entstehen, die sich gar nicht oder „*nur halbherzig um das Thema Nachhaltigkeit [...] kümmern"*. Zudem wurde auch die Hoffnung kommuniziert, *„dass sie (die German UPA) das Thema immer wieder platziert[...]"*, um in diesem Sinne *„die Diskussion um die Thematik fördern"*. Die Diskussion rund um Nachhaltigkeit in User Experience bzw. Designprozessen zu erhalten und zu stärken wird demnach als ein guter Ausgangspunkt dafür wahrgenommen, um den Einsatz nachhaltig-fokussierter Gestaltungsprinzipien zukünftig zu fördern oder sogar sicherzustellen. Die befragten UX Professionals äußerten mehrfach den Wunsch, dass das Bewusstseins für Nachhaltigkeit im Designprozess auf unterschiedlichen Ebenen gefördert werden sollte: Sei es mittels Gesetze, Richtlinien oder Sanktionen bei Missachtung nachhaltiger Gestaltprinzipien, oder auch durch die Erhaltung einer präsenten Diskussion zu dem Thema. Als eine konkrete Möglichkeit wurde ein intensivierter *„Austausch mit Politik und Wirtschaft (ROI of SDGs)"* genannt, möglicherweise auch als Voraussetzung dafür, die zuvor genannten Unterpunkte erfolgreich anzugehen und zu etablieren. Hintergrund dessen stellt wahrscheinlich ebenso die Machtlosigkeit dar, der sich einige Praktizierende spätestens dann ausgesetzt sehen, sobald jene als einzige – oder eine Person von wenigen – nachhaltige Methoden und Prozesse etablieren möchten.

2.3.4.1 Fazit: Weiterbildung, Hilfsmittel und Kooperation

Durch die Analyse der Antworten ist klar ersichtlich, dass ein breites Interesse an der Bereitstellung von Wissen besteht, das durch verschiedene Formate wie Vorträge, Workshops und Webinare umgesetzt werden kann. Demnach ist die mehrfach genannte Hoffnung auf solch ausgestaltete Angebote seitens des Berufsverbandes German UPA als Netzwerk von UX Professionals sehr nachvollziehbar. Zudem bieten diese Angebote über den Berufsverband als Plattform nicht nur eine Gelegenheit zur Weiterbildung: Besonders bereichernd könnte auch die Option zum interaktiven Austausch sein, der es allen Teilnehmenden ermöglicht, ihre Kenntnisse in Themen zur Nachhaltigkeit zu vertiefen und praktische Anwendungen und Potenziale in ihrem eigenen Berufsfeld zu diskutieren. Kurzum bieten die genannten Weiterbildungs- und Austauschformate das Potenzial, die Basis für positive Entwicklungen hin zu nachhaltigen Gestaltungsprozessen zu schaffen.

Ein weiterer Schritt kann dann ein Angebot an praktischen Hilfsmitteln, wie Best-Practice-Studien, Handlungsempfehlungen oder auch Methoden und Frameworks, darstellen, auf welche in Kap. 4. genauer eingegangen wird. Diese können nicht nur als eine Orientierung bzw. einen Leitfaden für den nachhaltigen Gestaltungsprozess beitragen: Das individuelle Nachhaltigkeitsverständnis kann durch diese Hilfsmittel nicht nur gestärkt und erweitert werden, sondern sie können dabei unterstützen, dieses Wissen auch effektiv gegenüber Vorgesetzten oder Projektpartnern zu vermitteln. Durch die Bereitstellung solcher Hilfsmittel, besonders mit dem Berufsverband German UPA als fachlichen Hintergrund, wird potenziell eine Grundlage für eine stärkere Diskussion über Nachhaltigkeit im UX Kontext geschaffen – nicht zuletzt mit dem Ziel, die Integration nachhaltiger Praktiken in den Gestaltungsprozess zu fördern.

Weiterhin sollten die bereits engagierten UX Professionals in ihrem Engagement weiter bestärkt werden: Wenn jene das Gefühl haben, nicht mehr als kleine Gruppe für Nachhaltigkeit im UX Kontext einzustehen, sondern zusammen mit anderen Parteien nach und nach Veränderungen anzustoßen, kann sich dies sehr positiv und noch zusätzlich aktivierend auswirken. Diesem kooperativen Ansatz kann auch eine größere Bedeutung beigemessen werden, um schlussendlich eine bessere Zukunft für alle zu gestalten. Durch die Einbindung verschiedener Akteure aus Wirtschaft, Politik und weiteren Bereichen können vielfältige Perspektiven, Ressourcen und Kompetenzen genutzt werden, um nachhaltige Designlösungen zu entwickeln und umzusetzen. Weiterhin besteht die Möglichkeit, dass die Reichweite und Wirkung von Initiativen zur Förderung nachhaltiger Gestaltungsprinzipien erhöht werden und diese wiederum positive Veränderungen anstoßen kann. Letztendlich kann eine Kooperation dieser Art dazu beitragen, eine nachhaltige Designkultur zu etablieren, die das Wohlergehen der Menschen, aber auch der Gesellschaft und des Planeten langfristig unterstützt.

2.4 Reflexion der Ergebnisse – Was sagen die Autor*innen

2.4.1 Kathrin Rochow

Obwohl über die Hälfte der Befragten UX Professionals angaben, Nachhaltigkeitsaspekte bereits in ihren täglichen Arbeitsalltag zu integrieren, wird eine deutliche Unzufriedenheit spürbar, hinsichtlich des wahrgenommenen Wirkungsraums und der damit einhergehenden Umsetzung nachhaltiger Strategien und Gestaltungsmaßnahmen. Als Hindernisse werden hauptsächlich die fehlende Akzeptanz und Unterstützung des Arbeitgebers und der Kunden genannt. Der Fokus auf finanzielle Rentabilität und mangelnde Investitionsbereitschaft in nachhaltige Maßnahmen seitens des Arbeits- oder Auftraggebers hinterlassen ein Gefühl der Ohnmacht und Hilflosigkeit bei den Expert*innen. Ihre Motivation und Eigeninitiative in Sachen nachhaltiger Gestaltung scheinen durch diesen top-down Ansatz im Keim erstickt. Dabei rückt die Tatsache in den Hintergrund, dass der Handlungsspielraum für nachhaltige UX Praktiken und das damit verbundene Selbstwirksamkeitsgefühl maßgeblich vom eigenen Methodenkoffer abhängig sind. Und dieser, so lässt die Auswertung der Umfrage schließen, kommt trotz des wahrgenommenen Ohnmachtsgefühls im Arbeitsalltag der UX Professionals regelmäßig zum Einsatz.

Grundlage für eine weiter fortschreitende Integration von Nachhaltigkeit in die UX-Praxis ist daher einerseits eine stärkere Unterstützung auf organisatorischer Ebene, in der nachhaltige Gestaltungsansätze gefördert und gefordert werden. Andererseits ist es notwendig, bestehende Methoden und Strategien kontinuierlich weiterzuentwickeln, um die individuelle Handlungsfähigkeit und das Potenzial, positive Veränderungen von der Basis aus anzustoßen, weiter auszubauen. Anstatt einem Gefühl der Ohnmacht und Hilflosigkeit kann durch das Erweitern der eigenen Methoden-Palette der (formative & prospektive)

Wirkungsraum erweitert werden, was es den Expert*innen ermöglicht, trotz Gegenwind eine aktive Rolle bei der Gestaltung einer nachhaltigen Zukunft spielen zu können.

2.4.2 Tanja Brodbeck

Bei der Auswertung und Analyse der Umfrageergebnisse war eine Tendenz zur Orientierungslosigkeit und Überforderung unter den Befragten bemerkbar. Dies äußerte sich bspw. darin, dass aktiv nach möglichen Handlungsoptionen und Methoden gefragt wurde, was wiederum auch zu einem gewissen Anteil auf eine grundlegende Unsicherheit beim komplexen Thema Nachhaltigkeit im Kontext von Gestaltungsprozessen zurückzuführen sein kann. Hervorzuheben ist die mehrfache Erwähnung des Wunsches nach Artefakten wie Checklisten, Guidelines und Best Practices als Instrumente, um diese Unsicherheit zu bewältigen. Diese können nicht nur als praktische Hilfsmittel zur Orientierung und während der Umsetzung bzw. Gestaltung dienen, sondern stellen auch Inspirationsquellen dar, die Handlungsfelder und Maßnahmen zur Förderung der Nachhaltigkeit im UX Design aufzeigen können.

Mit dem Ausbau von Methoden, Frameworks oder Toolkits und der öffentlichkeitswirksamen Präsentation jener kann zukünftig eine positive Tendenz angestoßen werden – mit dem Potenzial, die Unsicherheit in vielen Phasen des Designprozesses zu besiegen und stattdessen die Gestaltenden mit wirkungsvollem Handwerkszeug auszustatten.

Weiterhin ließ sich aus den Ergebnissen der Wunsch nach einem gesteigerten Bewusstsein oder auch Gesetze und Regelungen für Nachhaltigkeit im Bereich des UX Designs erkennen. Womöglich liegen hier einige Erfahrungen der Befragten zugrunde, bei denen das vorhandene Engagement zum Thema Nachhaltigkeit aufgrund eines zu geringen oder nicht vorhandenen Bewusstseins im Unternehmen, Projekt etc. stark eingedämmt oder ganz ausgebremst wurde. Insofern diese Parteien nicht durch Aufklärung oder Weiterbildungsmaßnahmen umgestimmt werden können, erscheint der geäußerte Wunsch nach Regelungen auf gesetzlicher Ebene oder innerhalb von Normen sehr nachvollziehbar. Von diesem Standpunkt aus könnte eine neue Diskussion darüber entstehen, inwiefern Lobbyarbeit und die Offenlegung der finanziellen Nachteile für Unternehmen, die Nachhaltigkeit im Produktentwicklungsprozess vernachlässigen oder gänzlich ausklammern, effektive Strategien zur Sensibilisierung zum Thema Nachhaltigkeit darstellen können.

2.4.3 Ingo Waclawczyk

Wichtig scheint mir, auch den gesellschaftlichen Kontext zu betrachten, in dem die Umfrage stattgefunden hat. Es war eine Zeit, die geprägt war von sogenannten „Multi-Krisen", die mit vielen Verunsicherungen einhergehen. Themen wie Rezession und eine generelle Sorge um Wirtschaft bestimmten die öffentlichen Diskussionen und beeinflussten auch die Einstellung der Menschen in Bezug zum Klimaschutz. So zeigt eine „Deutschlandtrend" Umfrage der ARD vom Dezember 2023 bereits eine Verschiebung in den klimapolitischen Haltungen der Bundesbürger (ARD, 2023). Stärker noch als vor vier Jahren überwiegt hier die Ansicht, dass im Klimadiskurs zu viel Angst geschürt wird. Vor diesem Hintergrund sind die Antworten der UX Professionals besonders interessant.

Die Vielzahl der Beiträge mit vielen verschiedenen Meinungen und unterschiedlichen Erwartungen lassen darauf schließen, dass die UX Community in Deutschland generell ein großes Interesse daran hat, wie sich das Thema „Nachhaltigkeit" in die Arbeit von UX Professionals integrieren lässt. Aus dem großen Spektrum der Teilnehmenden, die von eher detaillierten Antworten bis zu sehr strategischen Themen reichen, lässt sich ableiten, dass es viel Informations- und Orientierungsbedarf seitens der UX Professionals gibt. Angefangen mit der Klärung der Frage, was denn eigentlich unter „Nachhaltigkeit" im Sinne von digitalen Produkten, ihrer Benutzerfreundlichkeit sowie Nutzungserfahrung zu verstehen ist, bis hin zu der Frage, wie das Thema effizient und effektiv in den Projektalltag integriert werden kann. Und wenn, mit welchen Werkzeugen und mit welchen Methoden. Auch die Frage der Wirksamkeit und Messbarkeit von Nachhaltigkeit im UX Kontext ist eine offene Flanke.

Interessanterweise zeigte sich in der Umfrage, dass die Teilnehmenden aus ihrer Sicht in der Vergangenheit schon einiges in ihrem Arbeitsalltag unternommen hatten, um das Thema Nachhaltigkeit zu integrieren. Allerdings waren die Effekte dieser Bemühungen nach eigener Einschätzung eher gering. Bei der Frage nach Lösungen für die Zukunft sehen sich die UX Professionals generell schon gut aufgestellt, erwarten aber eine stärkere Unterstützung von Auftraggebern und Kollegen aus angrenzenden Fachbereichen. Dieses Bild lässt darauf schließen, dass die Einschätzung der Selbstwirksamkeit der UX Professionals beim Thema „Nachhaltigkeit und UX" eher gering ist.

Grundlage für eine weitere Förderung und Integration von Nachhaltigkeit im UX Alltag ist aus meiner Sicht zunächst ein gemeinsames Verständnis darüber, was mit „Nachhaltigkeit in UX" gemeint ist, verbunden mit einer Abgrenzung, was es nicht ist. Neben der Frage, welche Methoden, Werkzeuge und Kategorisierungen es für die Integration von Nachhaltigkeit in UX gibt oder geben sollte, ist es außerdem entscheidend, ein entsprechendes Mindset zu entwickeln und zu kultivieren. Dabei geht es vor allem darum zu erkennen, dass es auf jede einzelne und jeden einzelnen UX Professional ankommt, das Thema so gut man es eben kann, voranzutreiben. Außerdem kann es helfen, eine ganz persönliche Vision dafür zu entwickeln, wie das Zielbild für die Aktivitäten aussehen kann. In meiner Vision ist das Thema „Nachhaltigkeit" im Bereich der User Experience in Zukunft eine selbstverständliche, nicht-funktionale Anforderung in jedem Projekt, die von allen Stakeholdern berücksichtigt wird.

Literatur

Berkhout, F. & Hertin, J. (2001). *Impacts of Information and Communication Technologies on Environmental Sustainability: Speculations and Evidence.* Report to the OECD, Frans Berkhout and Julia Hertin, University of Sussex, United Kingdom.

Lamnek, S., & Krell, C. (2016). *Qualitative Sozialforschung: Mit Online-Material* (6., überarbeitete Auflage). Beltz.

Mayring, P. (2010). Qualitative Inhaltsanalyse. In G. Mey & K. Mruck (Hrsg.), *Handbuch Qualitative Forschung in der Psychologie* (S. 601–613). VS Verlag für Sozialwissenschaften. https://doi.org/10.1007/978-3-531-92052-8_42.

Mayring, P., & Fenzl, T. (2014). Qualitative Inhaltsanalyse. In N. Baur & J. Blasius (Hrsg.), *Handbuch Methoden der empirischen Sozialforschung* (S. 543–556). Springer Fachmedien Wiesbaden. https://doi.org/10.1007/978-3-531-18939-0_38.

Mayring, P. (2015). *Qualitative Inhaltsanalyse: Grundlagen und Techniken* (12., überarbeitete Auflage). Beltz.

Mayring, P. (2023). *Einführung in die qualitative Sozialforschung: Eine Anleitung zu qualitativem Denken* (7., überarbeitete Auflage). Beltz.

Prof. Dr. Philipp Mayring. (o. J.). Abgerufen 19. März 2024, von https://philipp.mayring.at/.

Eine repräsentative Studie zur politischen Stimmung im Auftrag der ARD-Tagesthemen und der Tageszeitung DIE WELT. (2023, Dezember). Infratest-dimap. Abgerufen am 10. Juni 2024, von https://www.infratest dimap.de/fileadmin/user_upload/DT2312_Report.pdf.

Empfehlungen für UX Design for Sustainability

Claudia Bruckschwaiger, Clemens Lutsch, Thorsten Jonas,
Tanja Brodbeck und Olga Lange

Zusammenfassung

Dieses Kapitel beschäftigt sich mit den unterschiedlichen Schwerpunktfeldern im Berufsfeld UX und Human-centered Design sowie beispielhaften Rollenbildern, die von UX Professionals gelebt werden und sich mit dem Themenkomplex Nachhaltigkeit auseinandersetzen. Weiterhin werden die regulatorischen Grundlagen zu Nachhaltigkeit und die daraus folgenden ethischen und handlungsorientierten Prinzipien für UX Expert*innen beschrieben. Das Kapitel schließt mit der Betrachtung des strategischen und operativen Handelns von UX Professionals, damit diese ihrer Verantwortung für Nachhaltigkeit gerecht werden können.

C. Bruckschwaiger (✉)
swohlwahr GmbH, Wien, Österreich
E-Mail: claudia@swohlwahr.com

C. Lutsch
Digitale Medien & User Experience, Internationale Hochschule SDI München, München, Deutschland
E-Mail: clemens.lutsch@sdi-muenchen.de

T. Jonas
SUX Network, Hamburg, Deutschland
E-Mail: thorsten@sustainableuxnetwork.com

T. Brodbeck
Esslingen am Neckar, Deutschland
E-Mail: me@tanjabrodbeck.de

O. Lange
Wirtschaftsinformatik, Duale Hochschule Baden-Württemberg, Stuttgart, Deutschland
E-Mail: olga.lange@dhbw-heidenheim.de

© Der/die Autor(en), exklusiv lizenziert an Springer Fachmedien Wiesbaden GmbH, ein Teil von Springer Nature 2025
O. Lange und K. Clasen (Hrsg.), *User Experience Design und Sustainability*,
https://doi.org/10.1007/978-3-658-45048-9_3

3.1 Unsere Rollenmodelle

3.1.1 Fokusfelder im Human-centered Design

Um nachhaltige und qualitativ hochwertige Produkte, Services und Systeme konzipieren zu können, arbeiten Expert*innen im Human-centered Design kollaborativ mit unterschiedlichen Bereichen zusammen. Unter anderem in Kooperation mit der German UPA hat der Trägerverein für die Internationale Akkreditierung von UX Professionals und die Qualitätssicherung im Berufsfeld UX, Usability und Human-centered Design (kurz IAPUX) 13 Fokusfelder definiert. Zugunsten der Qualität soll eine einzelne Person niemals den gesamten Konzeptionszyklus übernehmen, weshalb die IAPUX von maximal 3 bis 4 Fokusfeldern spricht, die von einer Person ausgeführt werden sollten.

Um Nachhaltigkeit vor und nach der reinen Produktnutzung gewährleisten zu können, beginnt die Auseinandersetzung damit nicht erst bei der Produktkonzeption, sondern muss bereits bei der Unternehmens- bzw. Portfoliostrategie mitgeplant werden.

3.1.1.1 Liste der Fokusfelder in UX und Human-centered Design

Das Internationale Akkreditierungsprogramm für UX Professionals (IAPUX. (2024). Internationales Akkreditierungsprogramm für UX Professionals. (2024). abgerufen am 10.4.2024, von https://UX-accreditation.org/focus-areas/), einem Partner-Programm der UXPA International, definiert die folgenden Fokusfelder – im Folgenden übersetzt wiedergegeben:

UX Strategy – konzentriert sich auf die Verankerung von Prinzipien der Menschzentrierung in strategischen Aktivitäten und in der Ausrichtung der Geschäftsziele einer Organisation.

UX Management (UXM) – befasst sich mit den menschzentrierten Designaktivitäten innerhalb eines Projekts und ist das Gegenstück zum traditionellen Projektmanagement/Product Ownership (PM/PO). Wenn das PM Geschäftsanforderungen abbilden muss, maximiert UXM den Nutzen für die spezifischen Benutzer*innen und minimiert Projektkosten durch pragmatische und technisch einwandfreie Anwendung der Prinzipien des Human-centered Designs.

User Research – Der Schwerpunkt liegt auf der Erhebung, Untersuchung und Analyse von Verhalten, Bedürfnissen, Motivationen und Frustrationen potenzieller zukünftiger Nutzenden mit wissenschaftlichen Methoden. Basierend auf diesen Erkenntnissen können valide Designentscheidungen getroffen und so Projektrisiken reduziert werden.

User Requirements – stellt sicher, dass die in der Forschung ermittelten User Requirements mit den Anforderungen der Stakeholder und des Unternehmens in Einklang gebracht werden und nachweisbar in die Produkt-, Service-, Prozess- und Systementwicklung einfließen.

3 Empfehlungen für UX Design for Sustainability

Informationsarchitektur – befasst sich mit der effektiven und nachhaltigen Organisation, Strukturierung und Kennzeichnung von Inhalten. Es unterstützt Nutzende dabei, Informationen zu finden, Entscheidungen zu treffen und Aufgaben zu erledigen. Es muss den Überblick über alle Teilsysteme behalten, um den Nutzenden alle Informationen zum richtigen Zeitpunkt in einer Weise zur Verfügung zu stellen, die die Eignung für die Aufgabe unterstützt.

Informationsdesign – beschäftigt sich mit der Erstellung aufgabengerechter Informationen für interaktive Systeme bzw. mit der Adaption bestehender Inhalte für diese. Je nach Nutzungskontext können hierfür unterschiedliche Medien und deren Kombinationen eingesetzt werden. Beispielsweise gestaltete Darstellungen von Prozessen, Informationsgrafiken, Animationen, technische Dokumentationen etc., die die Benutzenden bei der Durchführung der Aufgaben unterstützen und wesentliche Bestandteile des Systems darstellen können.

Interaktionsdesign – spezifiziert die Interaktionen zwischen Nutzenden und dem interaktiven System und beschreibt den Prozessablauf durch Elemente, die für die Interaktion notwendig sind. Erlernte oder unbewusste Prozesse und interkulturelle Abweichungen müssen berücksichtigt werden. Der Fokus liegt auf der Interaktion eines Menschen mit einem System innerhalb von Aufgaben und nicht auf dem visuellen Erscheinungsbild.

UX Writing – entwickelt gemeinsam mit anderen Stakeholdern die Texte für die Benutzungsoberfläche, um Nutzende dabei zu unterstützen, ihre Aufgaben möglichst effizient und effektiv zu erledigen. Besonderer Wert wird auf die unterschiedlichen Nutzergruppen und die Barrierefreiheit gelegt, auch die Wahl des Sprachstils trägt zur Wiedererkennung bei.

Interface Design – ist verantwortlich für das visuelle und/oder physische Erscheinungsbild, unter Interpretation der Corporate-Design-Richtlinien und der Berücksichtigung von Interaktionsspezifikationen. Auch wenn die Usability im Vordergrund steht, bedient das User Interface Design den Anspruch der Attraktivität durch Typografie, Farben, Form, Material, Produktionstechnik, Symbol- und Bildsprache und die Gestaltgesetze. Durch die stringente Gestaltung von Interaktionselementen wird Konsistenz geschaffen und in nachhaltige Gestaltungssysteme überführt.

UI Development – ist verantwortlich für die genaue, stabile und effiziente Umsetzung der Spezifikationen und Designs in eine technische Lösung. Darüber hinaus stellt es die Funktionsfähigkeit dieser Lösung über den gesamten Lebenszyklus derselben sicher. Es vervollständigt den ganzheitlichen Anspruch interdisziplinärer Arbeit im Human-centered Design.

Testing & Evaluation – validiert regelmäßig die Usability und liefert objektive Beweise dafür, dass die festgelegten Anforderungen für eine bestimmte Verwendung oder Anwendung von einem interaktiven System für bestimmte Nutzende erfüllt wurden.

Barrierefreiheit – Bereitstellung umfassender Fachkenntnisse in den Bereichen Barrierefreiheit und „Design für alle" im gesamten Unternehmen und bei der Lösungsentwicklung. Sie können technische Empfehlungen geben und strategische Planungs- und andere Implementierungsrollen über Barrierefreiheit informieren.

Industrial Design – beschäftigt sich mit der Planung, Konzeption und Gestaltung industriell gefertigter Produkte.

Diese Fokusfelder werden von unterschiedlichen UX Spezialist*innen ausgeübt und wirken, wie Abb. 3.1 (Bruckschwaiger, C. (2022) zeigt, kooperativ entlang der Aktivitäten im Human-centered Design (International Organization for Standardization, 2019).

3.1.2 Die Rollenbilder in UX im Projektkontext

Einige Fokusfelder können als eigene Rollen aufgefasst werden, wie zum Beispiel die UX Strategie oder das UX Management, andere lassen sich zusammenfassen und können als Kombination von einzelnen UX Expert*innen ausgeführt werden.

Hier werden übliche UX Rollen eines Unternehmens mit hohem UX Reifegrad vorgestellt, mit ihren Tätigkeitsfeldern und den Herausforderungen, mit denen sie häufig im täglichen Projektverlauf konfrontiert sind. Konkret wird dabei auch auf die Frustrationen und Bedürfnisse in Bezug auf Nachhaltigkeit eingegangen, die mit der Umfrage, vorgestellt im Kap. 2, erhoben wurden. In Kap. 4 werden für die einzelnen Rollenbilder Empfehlungen für den Einsatz der „Werkzeuge und Praktiken im UX Design for Sustainability" gegeben.

3.1.2.1 User Research

Im User Research und dem verwandten Feld Testing & Evaluation werden die Bedürfnisse oder Probleme von potenziellen Nutzenden erhoben. Die gewonnen Erkenntnisse werden UX Expert*innen aus der Spezifikation und Gestaltung übergeben, um daraus Lösungen zu konzipieren, die Nutzende wirklich brauchen können.

Korrespondierende Fokusfelder

- **User Research**
- **User Requirements**
- **Testing & Evaluation**
- **UX Management**

3 Empfehlungen für UX Design for Sustainability

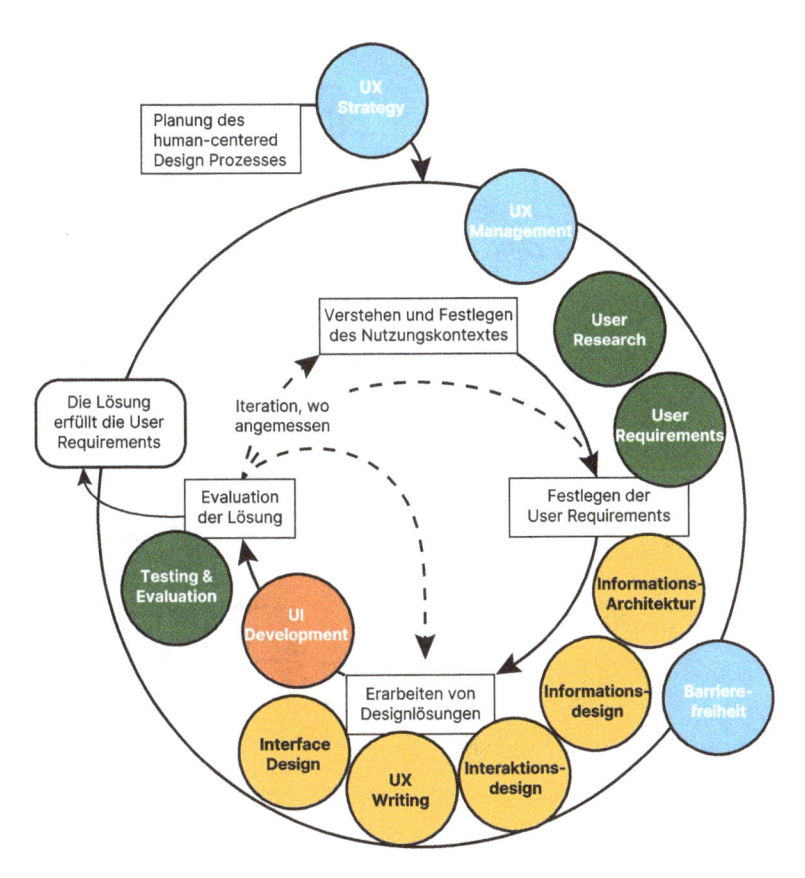

Abb. 3.1 UX Fokusfelder im Human-centered Design gemäß ISO 9241–210. Nach Bruckschwaiger (2022)

Tätigkeitsfeld

Im UX Research sind häufig Expert*innen aus den Bereichen Psychologie, Soziologie oder Kulturwissenschaften zu finden. Aktivitäten von der Hypothesenbildung, über Planung, Ausführung bis hin zur Auswertung von Research oder User Testing fallen in ihr Aufgabengebiet (Abb. 3.2). Sie erarbeiten somit die Grundlagen für die Arbeit der UX Expert*innen in der späteren Projektumsetzung. Sie haben engen Kontakt mit den (potenziellen) Nutzenden und erkennen die Bedürfnisse und Frustrationen, weshalb sie auch oftmals User Requirements und Stakeholder Requirements ableiten, auf deren Basis Produkte, Services und Systeme geplant und gestaltet werden. Zudem wird gegen diese User Requirements in unterschiedlichen Projektphasen getestet. Hier liegt auch der besondere Einfluss, den UX Researcher*innen auf Nachhaltigkeitsaspekte haben. Gründet sich die Entwicklung einer Lösung auf einen validierten Bedarf von echten Nutzenden, minimiert sich das Risiko der fehlenden Akzeptanz oder eines kurzen Life Cycles. Im besten Fall werden in weiterer Folge

Abb. 3.2 Tätigkeitsbereich des Rollenbildes UX Research

nur Produkte, Services und Systeme gebaut, die auch wirklich gebraucht werden und einen Mehrwert für die Nutzenden haben.

Aufgrund der nötigen Kompetenz im Management, die dieses Fach verlangt, übernehmen UX Researcher*innen unter Umständen auch die Rolle des UX Managements.

Bedürfnisse
Moral, Sinn & Wirksamkeit: Wichtig ist den Expert*innen, dass ihre Forschungsarbeit auf moralischen Prinzipien und ethischen Standards beruht und dass ihre Entscheidungen und Handlungen auch im Einklang mit ihren persönlichen Überzeugungen stehen. Ihr Ziel ist es, Handlungsempfehlungen für nachhaltige Produkte und Dienstleistungen zu geben, die nicht nur die Bedürfnisse der Nutzenden erfüllen und kommerziellen Erfolg bringen, sondern auch die Umwelt respektieren und schützen sowie einen positiven Einfluss auf die Welt haben.

Frustrationen
Wissenslücken & das Gefühl der Machtlosigkeit / Fehlende Argumentationsbasis: Das komplexe Thema Nachhaltigkeit kann nur mithilfe ausreichender Kenntnisse angegangen werden – ohne diese kann es sehr schwierig sein, effektive und evidenzbasierte Forschung durchzuführen und fundierte Entscheidungen zu treffen. UX Researcher sehnen sich deswegen nach etablierten Frameworks und Methoden, die dabei helfen können, die Auswirkungen von Designentscheidungen sowie das Verhalten der Nutzenden im Zusammenhang mit Nachhaltigkeit besser zu verstehen. Sie wünschen sich klare Leitlinien und Standards, die es ermöglichen, ihre Forschung effektiv zu planen, durchzuführen und auszuwerten. Ebenso besteht das Gefühl, noch besser über die Vorteile einer nachhaltigen Gestaltung von Produkten oder Dienstleistungen aufklären zu können, wenn wissenschaftlich fundierte Statistiken oder KPIs vorlägen, die z. B. den finanziellen Vorteil eines nachhaltigen Ansatzes für das Unternehmen darstellen.

3.1.2.2 UX Architektur

In der UX Architektur werden alle grundlegenden Entscheidungen zu Prozessen und Interaktionen einer analogen oder digitalen Lösung getroffen.

Korrespondierende Fokusfelder

- **Informationsarchitektur**
- **Interaktionsdesign**
- **User Requirements**

Tätigkeitsfeld
UX Architekt*innen konzipieren die Organisation, Struktur und Interaktion von Produkten, Services und Systemen auf Basis von User und Stakeholder Requirements, die im entsprechenden Research identifiziert wurden (Abb. 3.3). Interkulturelle, psychologische, wie auch physiologische Aspekte sowie Rahmenbedingungen werden bei der Entwicklung von Prozessen und Interaktionskonzepten berücksichtigt. Der Fokus liegt auf den Prinzipien der Interaktionsgestaltung (International Organization for Standardization, 2020), dem konsistenten Einsatz der richtigen Interaktionselemente über die gesamte Lösung hinweg. Gemeinsam mit den Fragestellungen übergeben UX Architekt*innen ihre Lösungen dem User Testing Team. Um Biases zu vermeiden, dürfen eigene Projekte nicht selbst getestet werden. Der Einfluss von UX Architekt*innen liegt vor allem in der Informations- und Prozessgestaltung von effektiven und effizienten Lösungen, womit zum Beispiel bei einem digitalen System signifikante Einsparungen an Daten, Energieverbrauch oder der Hardware erzielt werden können. Auch durch die richtige Priorisierung von User Requirements und den daraus folgenden Entscheidungen über die Implementierung von Funktionen besteht ein messbarer Einfluss auf die Nachhaltigkeit.

Abb. 3.3 Tätigkeitsbereich des Rollenbildes UX Architektur

Bedürfnisse

Sinn, Wirksamkeit, Komfort & Gemeinschaft: Das Bestreben liegt darin, Produkte zu entwickeln, die nicht nur kommerziellen Erfolg bringen, sondern einen positiven Beitrag in der Gesellschaft leisten und einen wirklich messbaren Einfluss auf die Umwelt und die Nutzenden haben. Es sollen Designentscheidungen getroffen werden, die nachhaltige Praktiken wirklich fördern und auch dazu beitragen, ökologische Probleme anzugehen oder sogar zu lösen. Nachhaltigkeit stellt ein komplexes Thema dar, bei dem viele unterschiedliche Faktoren zusammenspielen. Es besteht der Wunsch nach Tools oder Artefakten zum nachhaltigen Gestalten, die intuitiv, effizient und effektiv im Rahmen der Designarbeit eingesetzt werden können. Ebenso braucht es Möglichkeiten, sich mit anderen UX Spezialist*innen und Nachhaltigkeitsexpert*innen zu vernetzen, die sich für die Entwicklung nachhaltiger Lösungen einsetzen. Das bedeutet auch sich als Teil einer Gemeinschaft, gegenseitig zu inspirieren und zu unterstützen, zum Beispiel mit Argumentationshilfen und Strategien.

Frustrationen

Wissenslücken & das Gefühl der Machtlosigkeit: Oftmals mangelt es an Wissen zu Standards und Richtlinien, Ressourcen oder branchenweit akzeptierten Best Practices und Leitlinien, um nachhaltige Gestaltungsprinzipien effektiv umzusetzen. Ohne ausreichendes Verständnis für die Komplexität ökologischer, ökonomischer und sozialer Zusammenhänge und nachhaltiger Methoden kann es schwierig sein, innovative Lösungen zu gestalten, die sowohl den Bedürfnissen der Nutzenden als auch den Nachhaltigkeitszielen entsprechen. Dazu kommt das Gefühl, etwas machtlos zu sein: Die Strukturen in Unternehmen, sowie in der Gesellschaft, sind nicht immer auf Nachhaltigkeit ausgerichtet. Es fehlen die Argumente, um insbesondere die Führungsebene vom nötigen Engagement für nachhaltiges Gestalten von Produkten und Services zu überzeugen, weshalb die Unterstützung des C-Levels, z. B. in Form von Ressourcen wie Zeit oder Budget fehlt.

3.1.2.3 UI Design

Die Entscheidung, ob Nutzende ein Produkt kaufen oder nutzen fällt in den meisten Fällen aufgrund des ersten Eindrucks. Auch wenn noch nicht klar ist, ob das Produkt die Aufgabe zur Zufriedenheit erfüllt, schenkt man ihm dennoch vertrauen, wenn es ästhetisch ansprechend ist.

Korrespondierende Fokusfelder

- **Interface Design**
- **Informationsdesign**

Tätigkeitsfeld

Expert*innen aus dem UI Design sind verantwortlich für die visuelle Gestaltung der Lösung. Sie setzen visuelle Freiräume und Prioritäten, um die Nutzenden durch ihre Aufgaben zu leiten und verleihen dem Produkt seine ästhetische Aussage auch in Hinblick auf den Wiedererkennungswert der Marke (Abb. 3.4). Wie der Ästhetik-Effekt sehr schön beschreibt, schätzen Nutzende Systeme als besser benutzbar ein, wenn sie ästhetisch ansprechend sind (Kurosu & Kashimura, 1995). Das Erscheinungsbild einer Lösung bildet den ersten Eindruck bei den Nutzenden und hat eine emotionale Komponente und somit eine große Wirkung. Besonderes Augenmerk liegt neben den gestalterischen Grundlagen, wie z. B. den Gestaltgesetzen, auf der Konsistenz, den Prinzipien der Informationsdarstellung (International Organization for Standardization, 2017) und der Umsetzung der Prinzipien der Interaktionsgestaltung, sowie der Einhaltung der Barrierefreiheit. Der Einfluss von UI Designer*innen auf die Nachhaltigkeit liegt vor allem im ressourcenschonenden Einsatz von Medien und Elementen, aber auch in der Unterstützung der Nutzenden, damit diese so effizient wie möglich an ihr Ziel gelangen.

Abb. 3.4 Tätigkeitsbereich des Rollenbildes UI Design

Bedürfnisse
Schönheit, Wirksamkeit & Autonomie UI Designer*innen streben danach Designs zu erschaffen, die Nutzende ansprechen und eine emotionale Resonanz bei den Betrachtenden erzeugen und womöglich auch eine Motivation für nachhaltiges Handeln darstellen. Neben einer funktionalen Ästhetik soll auch ein messbarer Beitrag zur Nachhaltigkeit geleistet werden, durch eine ausgewogene Balance zwischen visuellem Appell und praktischem Nutzen. Zudem ist es wichtig, Gestaltungslösungen zu entwickeln, die ein Bewusstsein für Umweltprobleme generieren, positive Verhaltensänderungen fördern und Ressourcen schonen.

Frustrationen
Mangel an Ressourcen und Unterstützung, Kompromisse sowie kurzsichtige Businessentscheidungen UI Designer*innen fehlt die Unterstützung bei nachhaltigen Gestaltungspraktiken oder der Zugang zu umweltfreundlichen Assets, Tools oder Schulungen zum Thema Nachhaltigkeit. Oft müssen Kompromisse zwischen ästhetischen, funktionalen und ökologischen Zielen getroffen werden. Diese sind nicht selten verschärft durch u. a. kurzfristige Gewinnorientierung gegenüber langfristigen Investitionen, Wettbewerbsdruck und Marktanforderungen entgegen umweltschonender Richtlinien, etc.

3.1.2.4 UX Writing

Nutzende eines Systems verstehen Inhalte und Anweisungen wesentlich besser, wenn sie in einer Sprache formuliert sind, die dem Niveau und dem Stil der Lesenden entsprechen. Und nicht nur das Verständnis wird verbessert. Im besten Fall entsteht ein emotionaler Bezug.

Korrespondierendes Fokusfeld

- UX Writing
- Informationsarchitektur
- UX Management

Tätigkeitsfeld

Die Profession des UX Writings hat sich in den letzten Jahren als eigenständige Disziplin etabliert und ist verwandt mit der technischen Dokumentation, technical writing und dem Copywriting. Die Auseinandersetzung mit der Sprache von Nutzenden in ihrer (Sub-) Kultur ist die grundlegende Aufgabe dieser Profession. Ziel ist es Informationen so zu strukturieren und Texte in interaktiven Systemen, zum Beispiel auf Buttons, in Fehlermeldungen und Kategoriebäumen, so zu gestalten, dass Nutzende ihre Aufgaben effektiv und effizient, ohne Hürden oder Beeinträchtigungen erfüllen können (Abb. 3.5). Ein weiterer wichtiger Aspekt ist die Barrierefreiheit, die durch leichte oder einfache Sprache unterstützt wird. UX Writing kann ebenso die Akzeptanz und die Verbundenheit mit dem System steigern und hat somit eine essenzielle Auswirkung auf die User Experience.

Der Einfluss auf die Nachhaltigkeit wird vorrangig durch ressourcenschonenden Einsatz von Daten und Prozessschritten, bzw. reduzierter Fehleranfälligkeit durch Klarheit gewährleistet. Sind Informationen und Anweisungen unterstützend formuliert, ist es für Nutzende einfacher, sich in einem System zurechtzufinden.

Zu erwartende Bedürfnisse

Wirksamkeit: Text berührt Menschen. Expert*innen aus dem UX Writing wollen mit ihren Texten motivieren und Möglichkeiten zur konkreten Handlung aufzeigen, sofern es die Rahmenbedingungen in der Projektumsetzung ermöglichen. Der interdisziplinäre Austausch und Beispiele von wirkungsvollen Strategien anderer Expert*innen sind wünschenswert.

Zu erwartende Frustrationen

Einflussnahme und geringe Wertschätzung: UX Writer*innen werden oftmals durch die mangelhafte Abstimmung zwischen Entwicklungsteams und Projektmanagement ausgebremst. Die Einflussnahme durch Marketing, Branding, und technische Domänen, die aufgrund fehlender Abstimmung kurzerhand Texte wie z. B. Texte für Buttons oder Fehlermeldungen implementieren, frustriert. Texte sollten immer handlungsleitend und auf die Zielgruppe abgestimmt sein, was durch die gefühlt geringe Wertschätzung konterkariert wird.

Abb. 3.5 Tätigkeitsbereich des Rollenbildes UX Writing

3.1.2.5 UI Development

Am Ende der Konzeptionsphase, in der Designentscheidungen von den Anforderungen der Nutzenden und Stakeholder abgeleitet wurden, muss die konkrete Lösung gebaut werden. Diese bezieht sich nicht nur auf eine reine Desktop- oder App-Anwendung, sondern ist einem stetigen Wandel unterworfen. Von der intelligenten Waschmaschine, über VR oder AR-Lösungen, bis hin zur Steuerung von Industriemaschinen.

Korrespondierendes Fokusfeld

- UI Development

Tätigkeitsfeld

Expert*innen aus dem UI Development (auch Frontend-Development genannt) sind für die technologische Umsetzung der Lösung verantwortlich, die von den anderen Expert*innen während des Konzeptionszyklus entwickelt wurden. Idealerweise werden sie bereits früh von UX Architekt*innen in der Erarbeitung von Prozess-Flows in die Arbeit integriert, um die technische Machbarkeit, auch von neuen Integrationskonzepten, gewährleisten zu können. Dies benötigt ein umfassendes Wissen über eine Vielzahl an neuen Technologien, da die Kompatibilität unter den Systemen sichergestellt werden muss (Abb. 3.6). Das bedeutet im besten Fall, dass Hardware lange verwendet werden kann und Abwärtskompatibilität berücksichtigt wird. UI Developer*innen kümmern sich um eine schlanke, ressourcenschonende Umsetzung sowie Verwendung von Daten und sorgen für die Stabilität des Systems, was auch vorrangig auf die Nachhaltigkeit von Lösungen einzahlt. Besonders digitale Applikationen benötigen dauerhaft viele Ressourcen, z. B. die Hardware der Nutzenden, Server, Strom und Datenverbindungen inkl. der technischen Infrastruktur. Oftmals ist nicht klar, dass die großen Datenmengen, die während der Nutzung gesammelt wurden, per Default heute kein Verfallsdatum haben, also dauerhaft oder sehr lange gespeichert werden, bevor sie verfallen. Neunzig Prozent aller im Internet (sprich in großen Rechenzentren mit hohen Energiekosten) gespeicherten Daten werden nicht genutzt (McGovern, 2022). Der Bereich des Developments selbst hat eine enorme Bandbreite an Spezialisierungen und einen signifikanten Einfluss auf die Nachhaltigkeit. Dieser Bereich liegt jedoch außerhalb der Betrachtung des Human-centered Designs, weshalb er hier nicht weiter ausgeführt wird.

Zu erwartende Bedürfnisse
Frühzeitiges Einbinden in die Prozessplanung: Die leistungsfähigsten und effizientesten Produkte, Services und Systeme können entwickelt werden, wenn bereits früh in der Planung der Systemprozesse UI Developer*innen involviert sind. Sie wünschen sich, beratend teilhaben zu können und dadurch auch technologisch nachhaltigere Lösungen anbieten zu können, die dennoch die Bedürfnisse der Nutzenden zufriedenstellen.

Zu erwartende Frustrationen
Unreflektierte Datensammlung und wenig Verständnis für ressourcenschonenden Einsatz von Tools: Einer der größten Einflüsse im UI Development entsteht beim ressourcenschonenden Einsatz von Daten. Dem Management oder anderen Abteilungen ist häufig nicht klar, wie viel Infrastruktur und Hardware die Datensammlung als auch Speicherung langfristig benötigt. Oftmals werden „zur Sicherheit" sogenannte Data-Lakes angelegt, die aufgrund fehlender Hypothesen später nicht mehr ausgewertet werden können. Auch der aktuelle Trend, Technologien wie Blockchain oder künstliche Intelligenz könnten bei den meisten Problemen helfen und „alles" vereinfachen, ist nicht nur häufig unzutreffend. Diese Technologien benötigen zudem besonders viele Ressourcen, was den Nutzenden der Systeme meist nicht bewusst ist.

3.1.2.6 Accessibility
Die Barrierefreiheit ist aktuell in den Fokus der Wirtschaft gerückt. Durch den European Accessibility Act sind nun auch privatwirtschaftliche Unternehmen und Organisationen

Abb. 3.6 Tätigkeitsbereich des Rollenbildes UI Development

dazu verpflichtet, Menschen mit Beeinträchtigungen Zugang zu ihren Produkten, Services und Systemen zu ermöglichen.

Korrespondierendes Fokusfeld

- **Barrierefreiheit**

Tätigkeitsfeld
Expert*innen aus dem Bereich der Barrierefreiheit beschäftigen sich mit der Zugänglichkeit von analogen und digitalen Systemen für alle User Gruppen. Das sind vorrangig jene, die dauerhafte oder temporäre physische oder psychische Beeinträchtigungen haben, oder fehlende partizipatorische Fähigkeiten, wie zum Beispiel Lesen und Schreiben (Abb. 3.7). Sie unterstützen auf jeder Ebene und in unterschiedlichen Projektphasen. Einen grundlegenden Überblick über die Prinzipien von Barrierefreiheit sollten alle Expert*innen im Human-centered Design und UX mitbringen. Jene aus dem Bereich der Barrierefreiheit haben ein tiefes Verständnis der Methoden, Ansätze und Rahmenwerke, der gesetzlichen Regelungen,

3 Empfehlungen für UX Design for Sustainability   51

Abb. 3.7 Tätigkeitsbereich des Rollenbildes Barrierefreiheit

deren Anwendung und Implementierung – zum Beispiel auch von Assistenzsystemen. Dies ist besonders relevant bei den sozialen Aspekten der Nachhaltigkeitsziele der UN, da dort Inklusion, Partizipation und Gleichstellung eine hohe Repräsentanz besitzen.

Zu erwartende Bedürfnisse
Wirksamkeit und Anerkennung: Wir alle sind in unserem Leben einmal beeinträchtigt, brauchen Hilfe von anderen oder zugänglichen, unterstützenden Systemen. Barrierefreiheit in allen Bereichen des Lebens zu integrieren und Menschen Teilhabe zu ermöglichen ist ein großer Wunsch von Accessibility Expert*innen. Ebenso wie der Respekt für Menschen mit Beeinträchtigung, was bedeutet, Ressourcen einzuplanen, um zufriedenstellende Systeme für diese Nutzergruppe zu entwickeln. Dafür braucht es den Austausch mit anderen Expert*innen auf Augenhöhe, damit Best Practices und Erkenntnisse bestmöglich eingesetzt werden können.

Zu erwartende Frustrationen

Technologiegetriebene Produktentwicklung und fehlende Unterstützung: Technologische und disruptive Entwicklung sind eine besonders hohe Herausforderung. Viele neue Systeme unterstützen, manche machen es Menschen mit Beeinträchtigungen zum Teil noch schwerer, teilzuhaben. Zum Beispiel sind reine Touch-Displays oder Sprachsteuerung in Autos, statt physischer Bedienung, eine nicht zu unterschätzende Hürde geworden. Die Beschäftigung mit Beeinträchtigungen und dieser Zielgruppe ist für Unternehmen möglicherweise schwierig, wenn es um Markenidentität geht. Das Gefühl, als Expertin oder Experte der Barrierefreiheit nicht gehört zu werden oder zu erleben, dass keine weiteren Ressourcen aufgewendet werden, ist oftmals vorhanden und frustrierend.

3.1.2.7 UX Management

Im Rahmen von Projekten entstehen viele unterschiedliche Artefakte, die von verschiedenen UX Expert*innen zu unterschiedlichen Zeiten erarbeitet werden. All diese Aktivitäten müssen koordiniert und den richtigen Expert*innen zur richtigen Zeit ermöglich werden – und Human-centered Design lebt von Iteration. Die Qualität der Lösung und der Zusammenarbeit im Team hängt von gutem Management ab.

Korrespondierendes Fokusfeld

- UX Management

Tätigkeitsfeld

Im UX Management werden die Aktivitäten des Human-centered Design koordiniert (Abb. 3.8). Stehen für das Projektmanagement die Ziele des Unternehmens im Vordergrund, sind die UX Manager*innen für die priorisierte Abwägung und richtige sowie nachhaltige Implementierung der User Requirements verantwortlich. User Requirements können im Gegensatz zu anderen Requirements einander widersprechen, weshalb es dem UX Management zukommt, die diplomatische Rolle einzunehmen. Es muss gemeinsam mit dem Projektmanagement die beste Strategie für Produkte, Services und Systeme gefunden werden, die sowohl im Sinne der Nutzenden, der Stakeholder und auch des Unternehmens ist. Hier ist auch der Einfluss auf die Nachhaltigkeit am größten. Stakeholder (Personen mit berechtigtem Interesse an einem Prozess oder Produkt) können auch positiv oder negativ beeinflusst sein, wenn die direkte Nutzung nicht mehr stattfindet, also zum Ende des Life Cycles. Zum einen können also Produkte, Services und Systeme gebaut werden, die wirklich gebraucht werden und für eine nachhaltige Nutzung konzipiert sind, zum anderen können die Bedürfnisse vor und nach der Produktverwendung berücksichtigt werden.

3 Empfehlungen für UX Design for Sustainability

Abb. 3.8 Tätigkeitsbereich des Rollenbildes UX Management

Bedürfnisse
Wirksamkeit und Sicherheit: Für UX Manager*innen als Projektverantwortliche im Kontext UX ist es wichtig, einen positiven Einfluss auf die Entwicklung nachhaltiger Produkte und Dienstleistungen zu haben. Es wird versucht, neue Mittel und Wege zu finden, alle Beteiligten im Projekt den Wirkungsraum des entwickelten Produkts, aber auch ihren individuellen Anteil daran, greifbarer erfassen können.

Es wird großer Wert auf Sicherheit und Stabilität gelegt. Was durch klare Kommunikation, strukturierte Arbeitsprozesse und unterstützende Führung erreicht wird, sodass alle Beteiligten in einer gleichberechtigten, sozial unterstützenden Weise ihr Bestes geben können, nachhaltige und innovative Produkte zu entwickeln.

Frustrationen
Mangelndes Verständnis und Engagement auf höheren Ebenen:
Auf den höheren Führungsebenen des Unternehmens besteht kein ausreichendes Verständnis für die Bedeutung von Nachhaltigkeit, weshalb die notwendigen Ressourcen und die

Unterstützung für nachhaltige Projekte nicht verfügbar sind. Zudem sind Projekte herausfordernd aufgrund regulatorischer Anforderungen, der Zusammenarbeit mit verschiedenen Interessengruppen oder auch technischen Grenzen der Umsetzbarkeit bzw. Machbarkeit. Hier fehlt oft das Handwerkszeug und klare Zahlen bzw. spezifische UX-KPIs, um neben der ideologischen auch auf ökonomischer Ebene argumentieren zu können.

3.1.2.8 UX Strategie

Häufig wird UX oder Human-centered Design nur in der Produktentwicklung verortet. Doch kann die menschzentrierte Strategie, aufbauend auf ihren Rahmenwerken, bereits bei den ersten Entscheidungen ihre Wirkungen entfalten. Hier entsteht der größte Einfluss bereits auf das Portfolio und die darin enthaltenen Produkte und Services. Auch auf die Organisation und deren Mitarbeitende selbst hat die UX Strategie Einfluss.

Korrespondierendes Fokusfeld

- UX Strategy

Tätigkeitsfeld

UX Strateg*innen sitzen mit anderen strategischen Rollen wie Business Strategy, Brand Strategy, der Sales oder Technology Strategy an einem Tisch. Die Ausrichtung eines Unternehmens, sowohl intern im Bereich der menschzentrierten Organisation als auch strategische Entscheidungen zur Portfolioplanung, werden gemeinsam getroffen. Sie tragen hier eine große Verantwortung, da der Spielraum auch in Bezug auf Nachhaltigkeit am größten ist (Abb. 3.9). Aktivitäten und Vorhaben werden auf mehrere Jahre angelegt, negative Auswirkungen müssen frühzeitig antizipiert oder Instrumente auf Ebene der Handlungsfelder implementiert werden, um den Status immer wieder überprüfen und gegebenenfalls gegensteuern zu können. Hier besteht der Zugriff auf Lieferketten, Produktionsprozesse oder die Strategie zur Abwicklung nach Ende des Life Cycles eines Produktes. Im Rahmen der Portfolioplanung kann entschieden werden, ob nachhaltigen Produkten der Vorzug gegeben wird. Expert*innen aus der UX Strategie entscheiden mit, welche Produkte, Services und Systeme gebaut werden, bevor sie in die Umsetzungsphase kommen. Dabei müssen sie sich mit unterschiedlichen Regularien und Regelwerken beschäftigen, um die rechtlichen Rahmenbedingungen erfüllen zu können.

Zu erwartende Bedürfnisse

Anerkennung und Wirksamkeit: Die Einbeziehung von Menschen mit ihren Bedürfnissen, nach einer lebenswerten Umwelt und Zukunft sowie Gesundheit soll auch in langfristige Strategien der Unternehmen einfließen. Nachhaltiges Handeln kann sich auch positiv auf Unternehmensergebnisse auswirken, die Weichen müssen nur richtiggestellt werden. Es ist ein Wunsch, dass auch Strategen aus anderen Bereichen die Chancen erkennen, die in

3 Empfehlungen für UX Design for Sustainability   55

Abb. 3.9 Tätigkeitsbereich des Rollenbildes UX Strategy

nachhaltigem Handeln liegen und die langfristigen negativen Auswirkungen sehen, es nicht zu tun.

Zu erwartende Frustrationen
Diffuse Rahmenbedingungen und fehlende Durchsetzung: In der UX Strategie entstehen Frustrationen oftmals bei uneindeutiger Gesetzgebung, zum Beispiel auch bei der Internationalisierung von Produkten, Services und Systemen. Wechselnde Rahmenbedingungen und fehlender Entscheidungswille bremsen die Bestrebungen häufig aus. Metriken fehlen oder Greenwashing wird noch Vorrang gegeben. Unternehmensziele gehen nicht mit den Nachhaltigkeitszielen konform. Kurzfristiges Handeln vor planvollem Wandel.

3.1.2.9 Schlussbetrachtung

Diese Rollen mit korrespondierenden Fokusfeldern bedürfen unterschiedlicher Qualifikation und jedes Feld für sich hat neben der unterschiedlichen Verankerung in der Unternehmenshierarchie vielfältige Artefakte, die produziert, dokumentiert und weitergegeben werden (Bruckschwaiger, 2022).

Sie haben unterschiedlichen Einfluss auf die Nachhaltigkeit im Gesamten und auf einzelne Nachhaltigkeitsziele im Speziellen. Dies bezieht sich nicht nur auf Produkte und Services, sondern auch auf Systeme, wie sie unter anderem im Leitfaden zur gesellschaftlichen Verantwortung (International Organization for Standardization, 2010) beschrieben werden sowie bei der menschzentrierten Organisation (International Organization for Standardization, 2016) Anwendung finden.

Alle Expert*innen die in ihren Fokusfeldern tätig sind, arbeiten nach den Prinzipien des Human-centered Design und den dazugehörigen Qualitätskriterien und -standards.

3.2 Unsere Handlungsprinzipien

3.2.1 Der Code of Professional Conduct der German UPA

Der Verhaltenskodex (Code of Conduct oder Code of Professional Conduct) wurde 2022 vom Arbeitskreis EthiX der German UPA vorgestellt (German UPA, 2024) und in seiner aktuellen Version vom Internationalen Akkreditierungsprogramm für UX Professionals der UXPA International als verpflichtend übernommen (UX Accreditation, 2024). Der Code of Conduct für Mitglieder der German UPA fordert UX & Usability Spezialisten auf, die Risiken und den Nutzen ihres Handelns für alle Stakeholder abzuschätzen und sicherzustellen, dass dieses Handeln den höchsten ethischen und professionellen Standards entspricht. Er soll helfen, die wirtschaftlichen, sozialen und kulturellen Bedingungen und Zwänge zu verbessern, in denen UX Professionals arbeiten und zum Austausch zwischen Fachleuten und anderen Marktteilnehmern beitragen. Er gibt in insgesamt 12 Prinzipien für ethisches fachliches Handeln von UX Professionals eine Orientierung und soll auch als Schutz gegenüber Übergriffen von fachfremden Personen dienen. Ähnlich dem Hippokratischen Eid oder der Sorgfaltspflichten bei anderen Berufsgruppen (Bsp. in der Architektur, im Ingenieurwesen, im Handwerk) ist eine wissentliche Verletzung der Prinzipien durch UX Professionals abzulehnen. Das gilt auch für den Zwang durch Dritte, der UX Professionals dazu bringen soll, unethisch und/oder unsachlich zu handeln.

Eines dieser ethischen Prinzipien des professionellen Handelns adressiert ausdrücklich die Verantwortung dem Themenfeld Nachhaltigkeit gegenüber:

Prinzip 7: Wir handeln so, dass, wo immer möglich, Nachhaltigkeit sichergestellt werden kann

3 Empfehlungen für UX Design for Sustainability

„Professionals beachten bei der Gestaltung von interaktiven Systemen, Produkten, Prozessen und/oder Dienstleistungen die umweltbezogenen, sozialen und ökonomischen Aspekte, mittels derer identifizierte Bedürfnisse und Anforderungen erfüllt werden sollen, ohne die Fähigkeit zukünftiger Generationen zur Erfüllung ihrer eigenen Bedürfnisse und Anforderungen zu beeinträchtigen. Dies betrifft auch den Einsatz von Ressourcen bei der Tätigkeit und die Arbeitsergebnisse von Professionals." (German UPA, 2024).

In diesem Prinzip ist die Definition von Nachhaltigkeit (Sustainability) gemäß ISO Guide 82 eingebaut, somit wird diese Komponente als User Need, als Erfordernis der Nutzenden instrumentalisiert. Die Aufgabe der Gestaltung umfasst ganzheitlich auch die Planung von Strategien und Prozessen einer Organisation, wie auch die von Produkten, Dienstleistungen und Systemen. Sie ist somit als Anerkennung der Aufgaben gemäß dem deutschen Nachhaltigkeitskodex zu interpretieren. Dieses sowie die anderen 11 Prinzipien fördern, in enger Anlehnung an die Indikatoren des Nachhaltigkeitskodex, weiterhin die Prinzipien der menschzentrierten Organisation gemäß ISO 27500 (International Organization for Standardization, 2016):

- Nutzung individueller Unterschiede als Stärke einer Organisation
- Usability und Accessibility als strategische Geschäftsziele
- Einsetzen eines Gesamtsystemansatzes
- Gesundheit, Sicherheit und Wohlbefinden sind Geschäftsprioritäten
- Mitarbeiter werden wertgeschätzt, geeignete Arbeitsumgebungen sind geschaffen
- Die Organisation ist offen und vertrauenswürdig
- Die Organisation handelt sozial verantwortlich

Dies stellt, entsprechend den Sustainable Development Goals der Vereinten Nationen, klar, dass Nachhaltigkeit nicht auf eine ökologische Dimension reduziert werden kann. Das Prinzip fordert die bewusste Auseinandersetzung mit den ökonomischen und sozialen Fragestellungen im Kontext Nachhaltigkeit. Diese Auseinandersetzung betrifft also neben den naheliegenden Fragen wie „Wie gestalten wir was für wen?" auch möglicherweise nicht ganz so angenehmen Folgerungen wie:

- „Systeme, die keinen Bedarf erfüllen, sind nicht nachhaltig!".
- „Warum wird dieses Produkt überhaupt gebaut?"
- „Diskriminiert dieses System Menschen?"
- „Wie wird dieser Service meine Organisation langfristig verändern?"
- „Wie beeinflusst meine Lösung unsere Gesellschaft?"

Das 7. Prinzip des Codes of Conduct der GermanUPA versteht Sustainability als umfassende Aufgabe bei der Planung, Gestaltung und dem Betrieb von Produkten, Systemen und Dienstleistungen. Dabei stehen die Transparenz in Organisationen und auch die weitere gesellschaftliche Verantwortung in Unternehmen (Corporate Social Responsibility) als ebenbürtige Themen neben den ökonomischen und ökologischen Handlungsfeldern.

3.2.2 Handlungsprinzipien

Um das Prinzip 7 des Code of Conduct in Anwendung zu bringen, wurden auf Basis der „11 Principles for Sustainable UX" des Sustainable UX Networks (SUX, 2024) konkrete Handlungsprinzipien für UX Designer*innen abgeleitet.

Da diese 7 Prinzipien von UX Professionals für UX Professionals entwickelt wurden und mit die Grundlage unseres nachhaltigen Handelns bilden, wurden sie hier in der Wir-Form verfasst.

Prinzip 1 – „Wir gestalten nicht nur für die User"
Bisher werden analoge und digitale Produkte, Services und Systeme, meist speziell auf die Bedürfnisse der Nutzenden zugeschnitten. Die Aufmerksamkeit gilt dabei vorrangig den Wünschen und Erfordernissen dieser Zielgruppe, die dann in ein ausgewogenes Verhältnis zu den Business Anforderungen gesetzt werden müssen. In diesem Bemühen, die perfekte Symbiose zwischen Nutzerbedürfnissen und Business-Strategien zu schaffen, übersehen Gestalter*innen jedoch oft die breiteren Auswirkungen dieser gestalteten Produkte. Jede Schöpfung ist Teil eines größeren, systemischen Ganzen, das über die unmittelbaren Anwender*innen hinausgeht. Neben den Nutzer*innen gibt es eine Vielzahl anderer Beteiligter – sowohl menschliche als auch nichtmenschliche – die direkt oder indirekt von Gestaltungsentscheidungen beeinflusst werden.

Aufgrund der Entwicklungen der letzten Jahre und den regulatorischen Neuerungen, ist es an der Zeit, diese Perspektive zu erweitern. Statt sich ausschließlich auf die Bedürfnisse der Nutzenden zu konzentrieren, gilt es die Arbeit der UX-Designer*innen als Teil eines umfassenderen Ökosystems zu verstehen. Dazu gehört die Anerkennung, dass alle gestalteten Produkte und Nutzungserlebnisse weitreichende Konsequenzen haben können, die über den unmittelbaren Anwendungsbereich hinausgehen. Dies erfordert eine sorgfältige Abwägung der ökologischen, sozialen und ökonomischen Auswirkungen aller Gestaltungsentscheidungen. Indem UX-Designer*innen diesen breiteren systemischen Kontext anerkennen und in den Designprozess integrieren, können nicht nur verantwortungsvollere, sondern auch nachhaltigere und inklusivere Lösungen erschaffen werden (Jonas, 2022).

Prinzip 2 – „Wir gestalten für alle Aspekte von Nachhaltigkeit"
Nachhaltigkeit wird in der öffentlichen Debatte oft zu eng gefasst und primär mit der Reduzierung von CO_2-Emissionen in Verbindung gebracht. Diese Perspektive übersieht jedoch die Vielschichtigkeit des Konzepts der Nachhaltigkeit, das weit über die Frage des Klimawandels hinausgeht. Tatsächlich umfasst Nachhaltigkeit eine breite Palette von Aspekten, die im Designprozess berücksichtigt werden müssen. Dazu zählen soziale Gerechtigkeit, Gesundheitsförderung, der Schutz aller Lebewesen, Kreislaufwirtschaft, nachhaltiger Konsum und viele weitere Dimensionen, die in den Sustainable Development Goals der Vereinten Nationen ausführlich dargelegt sind (siehe Abschn. 3.4 → Sustainable Development Goals).

Um wahrhaft nachhaltig zu gestalten, ist es unerlässlich, all diese Dimensionen von Nachhaltigkeit in die Arbeit und Ausbildung von UX-Designer*innen einzubeziehen (Delaney E. & Liu W., 2023). Dies bedeutet, dass Produkte und Dienstleistungen gestaltet werden müssen, die nicht nur die Umwelt schonen, indem sie Ressourcen effizient nutzen und Emissionen minimieren, sondern auch sozial gerechte Lösungen fördern, die niemanden ausschließen. Es gilt Designprinzipien anzuwenden, die inklusiv sind und Gleichberechtigung vorantreiben, um sicherzustellen, dass die Lösungen für alle Menschen zugänglich und nutzbar sind, unabhängig von ihren individuellen Fähigkeiten oder Lebensumständen (Jonas, 2022).

Darüber hinaus ist es wichtig, in der Gestaltung datensparsam zu sein und zu gestalten, um die Privatsphäre und Sicherheit der Nutzenden zu gewährleisten. Dies erfordert einen bewussten Umgang mit Daten, bei dem nur die für den jeweiligen Zweck notwendigen Informationen erhoben und verarbeitet werden.

Jedes dieser Elemente muss sorgfältig gegeneinander abgewogen und in den Designprozess integriert werden. Das erfordert, stets kritisch zu reflektieren und die eigene Arbeit kontinuierlich gegen jeden dieser Nachhaltigkeitsaspekte zu überprüfen. Nur so kann sichergestellt werden, dass Produkte und Dienstleistungen nicht nur heute relevant und effektiv sind, sondern auch zukünftige Generationen positiv beeinflussen.

Prinzip 3 – „Wir ergründen stets zuerst die möglichen negativen Auswirkungen unserer Produkte"

Um Produkte und Designs nachhaltiger zu gestalten, müssen die negativen Auswirkungen, die sie verursachen, genau verstanden werden. Z. B.: Was ist der Carbon Impact und wo entsteht er? Wer zahlt den Preis für die Convenience der Nutzenden? An welchen Stellen in der User Journey sind die negativen Einflüsse besonders hoch?

Das Ziel muss es sein, alle potenziellen negativen Auswirkungen des digitalen Produkts transparent zu machen. Dies beinhaltet nicht nur die offensichtlichen, sondern auch die versteckten oder indirekten Auswirkungen, die auf den ersten Blick vielleicht nicht erkennbar sind. Mit einem umfassenden Verständnis dieser Auswirkungen können fundierte Entscheidungen darüber getroffen werden, wie diese negativen Effekte vermieden oder zumindest minimiert werden können. Im weiteren Gestaltungsprozess kann außerdem sichergestellt werden, jederzeit mögliche negative Einflüsse im Blick zu haben, abzuwägen und so letztendlich nachhaltigere Produkte und Nutzungserlebnisse zu gestalten (SUX, 2024).

Prinzip 4 – „Wir wägen Bedürfnisse der Nutzenden ab"

Um nachhaltiger zu gestalten, ist es entscheidend, die Bedürfnisse der Nutzenden mit den potenziellen negativen Auswirkungen auf das Gesamtsystem abzuwägen. Nutzerbedürfnisse dürfen nicht blind erfüllt werden. Stattdessen muss ein verantwortungsvoller Ausgleich zwischen diesen Bedürfnissen und den ökologischen und sozialen Folgen der Produkte stattfinden. Dies bedeutet, dass bei jeder Designentscheidung sorgfältig abgewogen werden muss, wie diese das größere ökologische und soziale Gefüge beeinflussen und innovative Lösungen entwickeln, die den Nutzeranforderungen gerecht werden, ohne das System unnötig zu belasten.

Es geht darum, neue Wege zu beschreiten, die Effizienz und Nachhaltigkeit priorisieren, und dabei manchmal bewusst gegen die Erfüllung bestimmter Nutzerwünsche zu entscheiden, wenn diese zu Lasten der Umwelt oder Gesellschaft gehen würden. Ziel ist es, ein Gleichgewicht zu finden, das sowohl die individuellen Bedürfnisse der Nutzer*innen berücksichtigt, als auch das Wohl des Gesamtsystems im Blick behält. Indem dieser Ansatz verfolgt wird, tragen UX-Designer*innen zu einer nachhaltigeren Zukunft bei, in der Designentscheidungen sowohl den Menschen als auch dem Planeten zugutekommen (SUX, 2024).

Prinzip 5 – „Wir machen Nachhaltigkeit zum Standard in unserem gesamten Gestaltungsprozess"
Nachhaltigkeit kann nicht durch einen zusätzlichen Schritt „Nachhaltigkeit" im Gestaltungsprozess erreicht werden. Nachhaltigkeit muss vielmehr ein integraler Bestandteil des gesamten Gestaltungsprozesses werden (Rossi E. & Attaianese E. 2022). Dies bedeutet, dass jede Phase, von der Strategie über die Ideenfindung bis zur finalen Umsetzung, durch ein durchgängiges Bewusstsein für ökologische, soziale und ökonomische Verantwortung geprägt sein muss. Dies erfordert, dass bestehende Werkzeuge und Methoden überprüft und ggf. erweitert werden, um zusätzliche Verständnis- und Arbeitsebenen für die Nachhaltigkeit einzuführen (Jonas, 2023). Indem diese zusätzlichen Ebenen jedem Schritt des Gestaltungsprozesses hinzugefügt werden, stellen UX-Designer*innen sicher, alle Entscheidungen auch im Kontext der Nachhaltigkeit überprüfen und bewerten zu können.

Prinzip 6 – „Wir helfen Nutzenden nachhaltige Entscheidungen zu treffen"
In den digitalen Welten, die UX-Designer*innen kreieren, spielen die Entscheidungen, die Nutzende treffen, eine zentrale Rolle. Diese Entscheidungen haben weitreichende Konsequenzen, die sowohl die individuelle Erfahrung als auch das größere soziale und ökologische System beeinflussen können. Um eine verantwortungsbewusste Nutzung zu fördern, ist es entscheidend, dass die Konsequenzen dieser Entscheidungen für die Nutzenden so transparent und verständlich wie möglich gemacht werden. Dies umfasst nicht nur die unmittelbaren Auswirkungen ihrer Aktionen, sondern auch die langfristigen Folgen für die Umwelt und die Gesellschaft (Klerks G. et al., 2022). Durch die Bereitstellung dieser Informationen ermöglichen UX-Designer*innen den Nutzer*innen, informierte Entscheidungen zu treffen, die ihre eigenen Werte widerspiegeln und gleichzeitig einen positiven Einfluss auf die Welt um sie herum haben.

Zusätzlich zur Schaffung von Transparenz sollte die nachhaltigste Option als standardmäßige Wahl etabliert werden. Dies bedeutet, dass die „Defaults" in Produkten so gestaltet sein müssen, dass sie den Weg des geringsten Widerstands zur nachhaltigsten Option darstellen. Indem die nachhaltige Wahl als einfachste Möglichkeit angeboten wird, kann das

Verhalten der Nutzer*innen subtil gelenkt werden (Jonas, 2022). Bestenfalls ermutigt es sie, Entscheidungen zu treffen, die nicht nur ihrem unmittelbaren Nutzen dienen, sondern auch zum Wohlergehen der gesamten Gesellschaft und der Umwelt beitragen. Mehr zu dieser Praktik in Abschn. 4.6.2.

Prinzip 7 – „Wir gestalten Narrative"
Es ist eine Sache, nachhaltige Produkte zu gestalten, aber eine andere, sicherzustellen, dass diese Produkte auch angenommen und wertgeschätzt werden. Um dies zu erreichen, müssen UX-Designer*innen aktiv die Narrative gestalten, die die von ihnen gestalteten Produkte und Dienstleistungen umgeben. Es geht darum, die Narrative zu gestalten und zu kommunizieren, die zeigen, wie durchdachte, nachhaltige Entscheidungen positive Auswirkungen auf die Umwelt, die Gesellschaft und letztendlich auch auf das Wohlbefinden der Nutzer*innen haben können.

Außerdem muss der Mythos entkräftet werden, dass sich gutes Business und Nachhaltigkeit gegenseitig ausschließen (vgl. dazu Abschn. 2.3.2.2 und 2.3.2.3), indem UX-Designer*innen aufzeigen, wie nachhaltige Praktiken langfristigen ökonomischen Wert schaffen, Risiken minimieren und Innovationen vorantreiben.

Darüber hinaus ist es, aufgrund der interdisziplinären Arbeitsweise, die Aufgabe von UX-Designer*innen, Überzeugungsarbeit zu leisten – nicht nur bei den Nutzenden, sondern auch bei allen Stakeholdern, die in den Projekten involviert sind (vgl. Leal Filho W. et al. 2023). Dies erfordert einen kontinuierlichen Dialog und die Bereitschaft, zu erklären, zu diskutieren und manchmal auch Kompromisse zu finden. UX-Designer*innen müssen eine Brücke bauen zwischen der Vision einer nachhaltigeren Zukunft und den praktischen, alltäglichen Entscheidungen, die diese Vision Wirklichkeit werden lassen. Durch Bildung, Engagement und das Vorleben von Nachhaltigkeit im eigenen Handeln können UX-Designer*innen ein Umfeld schaffen, in dem nachhaltige Entscheidungen nicht nur als notwendig, sondern auch als wünschenswert angesehen werden (SUX, 2024).

3.3 Unsere regulatorischen Rahmenwerke

Nachhaltigkeit wird in unterschiedlichen Regelungen, Verordnungen, Gesetzen, internationalen Standards oder Positionspapieren behandelt. Teilweise sind diese sehr stark verwoben oder Teilaspekte mit Bezug auf Nachhaltigkeit werden in unterschiedlichen Regelwerken verankert, wie in Abb. 3.10 (swohlwahr GmbH, 2023/1) verdeutlicht. Es würde den Rahmen sprengen, die umfangreichen, nationalen oder internationalen Gesetze, Rahmenrichtlinien oder Vergleichbare im Detail zu behandeln. Für UX Professionals ist die Verbindung mit den Standards im Umfeld UX/Usability (Lutsch, 2022) von großem Interesse. Daher wollen wir hier einige wenige, aber wichtige Regelwerke, Vorgaben oder Standards kurz beleuchten. Darunter sind:

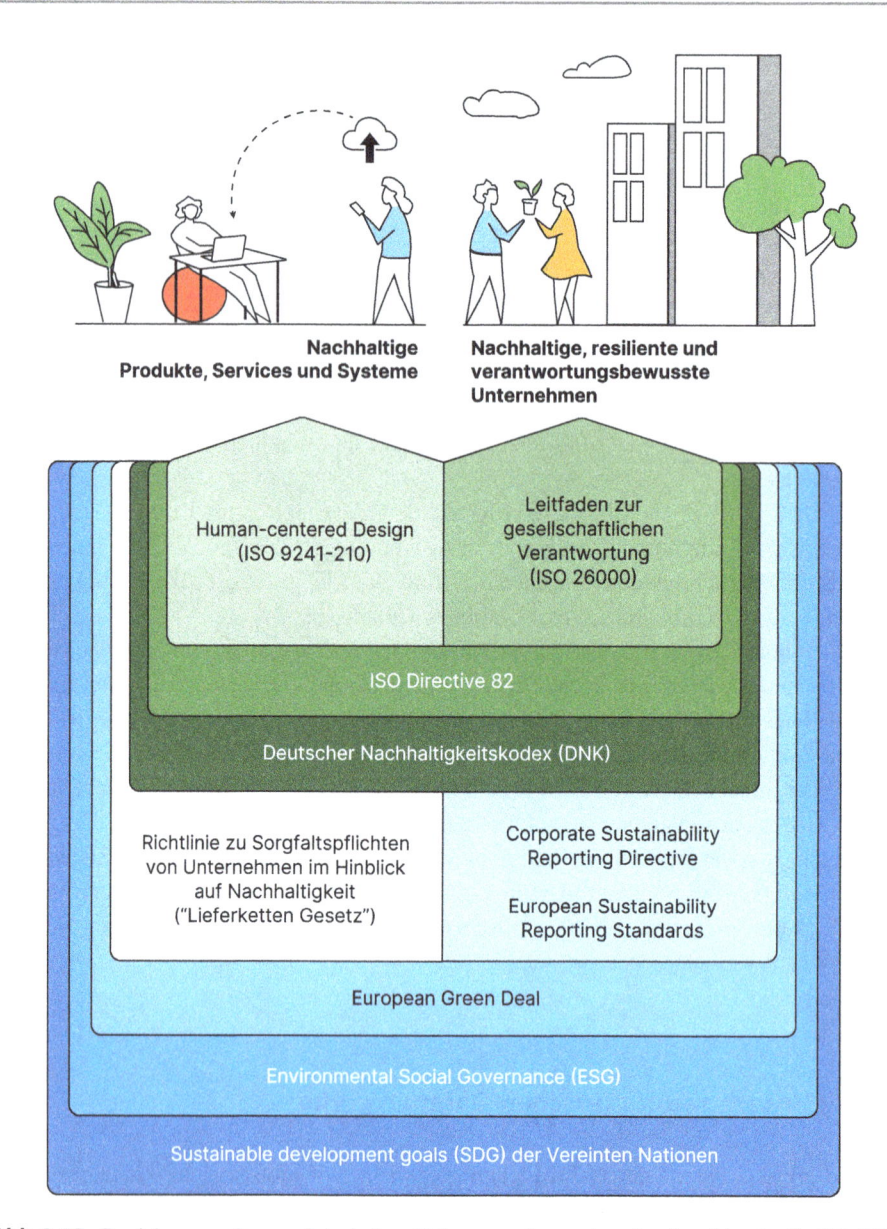

Abb. 3.10 Beziehungen der regulatorischen Rahmenwerke zueinander (swohlwahr GmbH, 2023/1)

- Sustainable development goals (SDG) der Vereinten Nationen
- ESG
- European Green Deal
- Corporate Sustainability Reporting Directive
- European Sustainability Reporting Standards
- Richtlinie zu Sorgfaltspflichten von Unternehmen im Hinblick auf Nachhaltigkeit („Lieferketten Gesetz")
- Deutscher Nachhaltigkeitskodex (DNK)
- ISO Directive 82
- Human-centered Design (ISO 9241–210)
- Leitfaden zur gesellschaftlichen Verantwortung (ISO 26000)
- Spezifische Empfehlungen

3.3.1 Sustainable Development Goals (SDG)

Die Vereinten Nationen haben im Rahmen der „2030 Agenda for Sustainable Development" 17 Ziele für nachhaltige Entwicklung (SDGs) veröffentlicht, die einen Handlungsaufruf an alle Länder darstellen (UN, 2024). Diese Ziele stellen klar, dass die Beendigung von Armut, von Ungleichheit oder Ungerechtigkeit mit Strategien einhergehen muss, die Gesundheit und Bildung verbessern und das Wirtschaftswachstum stimulieren – all das bei gleichzeitiger Bekämpfung des Klimawandels und dem Einsatz für den Schutz der Ökosysteme in den Ozeanen und auf dem Land. Somit soll jedes Entwicklungsvorhaben über den gesamten Lebenszyklus die Umsetzung der folgenden Ziele unterstützen und zu deren Erreichung beitragen. Eine Auflistung der 17 Ziele für nachhaltige Entwicklung nach UNRIC (2024) finden Sie in der folgenden Tab. 3.1.

3.3.2 ESG

Ein Unternehmen nur auf Basis seiner Umsätze oder Gewinne zu beschreiben ist nicht mehr zeitgemäß. Von der „Finanzinitiative des Umweltprogramms der Vereinten Nationen (UNEP FI)" wurde die Beziehung des Finanzdienstleistungssektors und seiner Stakeholder zu seinem ökologischen und sozialen Kontext sowie die Relevanz von Umwelt-, Sozial- und Governance-Themen (ESG) für die Wertpapierbewertung untersucht. In dem Bericht „A legal framework for the integration of environmental, social and governance issues into institutional investment" aus dem Jahr 2005 stellen die Autoren*innen der Beratungsfirma Freshfields Bruckhaus Deringer fest, dass „[…] die Zusammenhänge zwischen ESG-Faktoren und der finanziellen Leistung zunehmend erkannt (werden). Auf dieser Grundlage ist die Integration von ESG-Überlegungen in eine Anlageanalyse zur zuverlässigen Vorhersage der finanziellen Leistung eindeutig zulässig und wohl in allen Rechtsordnungen erforderlich." (UNEPFI, 2005).

Tab. 3.1 17 Ziele für nachhaltige Entwicklung. (Quelle: UNRIC (2024))

Ziel-Nr	Kurztitel	Definition der Ziele
1	Keine Armut	Armut in all ihren Formen und überall beenden
2	Kein Hunger	Den Hunger beenden, Ernährungssicherheit und eine bessere Ernährung erreichen und eine nachhaltige Landwirtschaft fördern
3	Gesundheit und Wohlergehen	Ein gesundes Leben für alle Menschen jeden Alters gewährleisten und ihr Wohlergehen fördern
4	Hochwertige Bildung	Inklusive, gleichberechtigte und hochwertige Bildung gewährleisten und Möglichkeiten des lebenslangen Lernens für alle fördern
5	Geschlechtergleichheit	Geschlechtergleichstellung erreichen und alle Frauen und Mädchen zur Selbstbestimmung befähigen
6	Sauberes Wasser und Sanitäreinrichtungen	Verfügbarkeit und nachhaltige Bewirtschaftung von Wasser und Sanitärversorgung für alle gewährleisten
7	Bezahlbare und saubere Energie	Zugang zu bezahlbarer, verlässlicher, nachhaltiger und moderner Energie für alle sichern
8	Menschenwürdige Arbeit und Wirtschaftswachstum	Dauerhaftes, breitenwirksames und nachhaltiges Wirtschaftswachstum, produktive Vollbeschäftigung und menschenwürdige Arbeit für alle fördern
9	Industrie, Innovation und Infrastruktur	Eine widerstandsfähige Infrastruktur aufbauen, breitenwirksame und nachhaltige Industrialisierung fördern und Innovationen unterstützen
10	Weniger Ungleichheiten	Ungleichheit in und zwischen Ländern verringern
11	Nachhaltige Städte und Gemeinden	Städte und Siedlungen inklusiv, sicher, widerstandsfähig und nachhaltig gestalten
12	Nachhaltige/r Konsum und Produktion	Nachhaltige Konsum- und Produktionsmuster sicherstellen
13	Maßnahmen zum Klimaschutz	Umgehend Maßnahmen zur Bekämpfung des Klimawandels und seiner Auswirkungen ergreifen
14	Leben unter Wasser	Ozeane, Meere und Meeresressourcen im Sinne nachhaltiger Entwicklung erhalten und nachhaltig nutzen
15	Leben an Land	Landökosysteme schützen, wiederherstellen und ihre nachhaltige Nutzung fördern, Wälder nachhaltig bewirtschaften, Wüstenbildung bekämpfen, Bodendegradation beenden und umkehren und dem Verlust der biologischen Vielfalt ein Ende setzen
16	Frieden, Gerechtigkeit und starke Institutionen	Friedliche und inklusive Gesellschaften für eine nachhaltige Entwicklung fördern, allen Menschen Zugang zur Justiz ermöglichen und leistungsfähige, rechenschaftspflichtige und inklusive Institutionen auf allen Ebenen aufbauen
17	Partnerschaften zur Erreichung der Ziele	Umsetzungsmittel stärken und die Globale Partnerschaft für nachhaltige Entwicklung mit neuem Leben erfüllen

Die Komponenten sind wie folgt beschrieben:

- **Environmental** (Umwelt): Hier werden Daten zu Klimawandel, Treibhausgasemissionen, der biologischen Vielfalt, Zustand des Waldes (Entwaldung, Aufforstung, Stand des Ökosystems), der Umweltverschmutzung, der Energieeffizienz, der Wasserwirtschaft und dem Zustand des Ökosystems an Land gemeldet.
- **Social** (Sozial): Es werden Daten zur Sicherheit und zum Wohlbefinden der Angestellten, zu den Arbeitsbedingungen, zur Gleichberechtigung und Inklusion sowie zu Konflikten und humanitären Situationen gemeldet. Diese Daten sind für die Risiko- und Ertragsbewertung relevant, da sie sich direkt auf die Verbesserung der Kunden- und Nutzerzufriedenheit, das Engagement der Mitarbeiter und die Mitarbeiterbindung auswirken.
- **Governance** (verantwortungsvolle Unternehmensführung): Es werden Daten zur Unternehmensführung, zur Verhinderung von Bestechung und Korruption, zu Transparenz, ethischer Entscheidungsfindung, Sicherheits- und Datenschutzpraktiken, zur Rolle der Vielfalt bei der Einstellung von Mitarbeitenden und in Führungspositionen, zu Vergütung und Bonuszahlungen, zu Leadership-Prinzipien und zur Managementkultur vorgelegt.

3.3.3 European Green Deal

Der „Europäische Grüne Deal" der Kommission der europäischen Union ist ein Programm von unterschiedlichen Initiativen, welches als strategische Priorität den Übergang zu einer „modernen, ressourceneffizienten und wettbewerbsfähigen Wirtschaft schaffen [...]" soll. (EU, 2024).

Diese Wirtschaft soll die folgenden Eigenschaften aufweisen:

- Sie soll bis zum Jahr 2050 keine Netto-Treibhausgase ausstoßen.
- Sie soll ihr Wachstum von der Nutzung vorhandener Ressourcen entkoppeln.
- Sie soll keine Menschen im Stich lassen.
- Sie soll keine Region im Stich lassen.

Zur Umsetzung dieser Initiativen setzt die Europäische Union spezifische Wirtschaftsförderungen, Investitionen und europäische Gesetzgebung ein. Hierunter fallen auch die Corporate Sustainability Reporting Directive und der European Sustainability Reporting Standard.

3.3.4 Corporate Sustainability Reporting Directive

Die Corporate Sustainability Reporting Directive (CSRD) – im Deutschen auch als „Richtlinie über die Nachhaltigkeitsberichterstattung von Unternehmen" (Richtlinie (EU) 2022a, b/2464) genannt – ist eine EU-weite Informationspflicht über Nachhaltigkeitsaspekte von Unternehmen. Diese Richtlinie und die darin enthaltenen Elemente der Nachhaltigkeitsberichterstattung sollen die Bewertung von berichtspflichtigen Unternehmen im Kontext des „European Green Deals" ermöglichen und erleichtern (EU, 2022a, b/1). Dies gelingt durch die in diesen Berichten enthaltenen nicht-finanziellen Informationen zu Unternehmen, die eine gewisse Vergleichbarkeit in Bezug auf Leistungsfähigkeit bei der Nachhaltigkeit erlauben. Durch die Aufnahme dieser essenziellen Aspekte in die Berichterstattung können solche Informationen schneller zugänglich gemacht werden und sind somit der üblichen, finanziellen Berichterstattung von Unternehmen gleichgestellt.

3.3.5 European Sustainability Reporting Standards

In der Corporate Sustainability Reporting Directive wird im Artikel 29b dargelegt, dass spezifische Verordnungen erlassen werden müssen, die Details eines Nachhaltigkeitsberichts festlegen. Diese werden als European Sustainability Reporting Standards (ESRS) beschrieben (EU, 2023).

Gemäß der Europäischen Verordnung zur Nachhaltigkeitsberichterstattung muss ein Nachhaltigkeitsbericht neben allgemeinen Standards sogenannte themenbezogene und sektorspezifische Standards befolgen, wie Tab. 3.2 zeigt.

Tab. 3.2 Europäische Standards für die Nachhaltigkeitsberichterstattung (EU, 2023)

ESRS 1	Allgemeine Anforderungen
ESRS 2	Allgemeine Angaben
ESRS E1	Klimawandel
ESRS E2	Umweltverschmutzung
ESRS E3	Wasser- und Meeresressourcen
ESRS E4	Biologische Vielfalt und Ökosysteme
ESRS E5	Ressourcennutzung und Kreislaufwirtschaft
ESRS S. 1	Eigene Belegschaft
ESRS S. 2	Arbeitskräfte in der Wertschöpfungskette
ESRS S. 3	Betroffene Gemeinschaften
ESRS S. 4	Verbraucher und Endnutzer
ESRS G1	Unternehmenspolitik

3.3.6 Richtlinie zu Sorgfaltspflichten von Unternehmen im Hinblick auf Nachhaltigkeit („Lieferketten Gesetz")

Unter dem Begriff „Lieferkettengesetz" wird die europäische Richtlinie über die Sorgfaltspflichten von Unternehmen im Hinblick auf Nachhaltigkeit" oder auch „Corporate Sustainability Due Diligence-Richtlinie" verstanden (EU, 2022a, b/2). Hierin wird die Verantwortlichkeit von Unternehmen für die Einhaltung von Menschenrechts- und Umweltstandards entlang der gesamten Wertschöpfungskette beschrieben, sowie die daraus folgenden Sorgfaltspflichten der Mitglieder der Unternehmensleitung.

3.3.7 Deutscher Nachhaltigkeitskodex (DNK)

Der deutsche Nachhaltigkeitsrat ist ein Gremium von Expert*innen, welches die deutsche Bundesregierung seit 2001 zum Themenfeld Sustainability berät. Es hat einen sogenannten Deutschen Nachhaltigkeitskodex als ein Projekt aufgelegt, dessen Ziel es ist, eine nachhaltige Wirtschaftsweise zu fördern (DNK, 2024). Darunter werden zum einen die Pariser Klimaziele und zum anderen die Sustainable Development Goals der Vereinten Nationen verstanden – demnach ist der Kodex als ganzheitliches Vorhaben anzusehen. In ihm wurden 20 Leistungsindikatoren identifiziert, die das Berichtswesen leiten und anreichern sollen. Sie sind in allen Unternehmensbereichen – von der Strategie bis hin zum einzelnen Projekt – und somit auch für UX Design for Sustainability relevant. Die genannten und in der Folge dort beschriebenen Indikatoren sind:

1. **Strategie**
   Organisationen spezifizieren den eigenen Beitrag zu einer nachhaltigen Entwicklung. Durch die Definition von mittel- und langfristigen Zielen werden Maßnahmen greifbar und es kann auf die Anwendung branchenspezifischer, nationaler und internationaler Standards verwiesen werden, so z. B. auf die ISO 9241–210 Human-centred Design, welche für das Berufsfeld UX Relevanz in Bezug auf Nachhaltigkeit hat.
2. **Wesentlichkeit**
   Die Offenlegung der Geschäftstätigkeiten einer Organisation, welche wesentlich auf Nachhaltigkeitsaspekte einwirken, wie auch Wechselwirkungen von Nachhaltigkeitsaspekten mit der gesamten Organisation. Hier wäre auch die Verankerung des Human-centered Ansatzes ein Beitrag.
3. **Ziele**
   Die Festlegung der Nachhaltigkeitsziele einer Organisation, sowie die Verfahren zur Zielerreichungskontrolle.
4. **Tiefe der Wertschöpfungskette**
   Die Bedeutung der Nachhaltigkeitsaspekte für die Wertschöpfungskette und wie weit diese Aspekte in der Kette geprüft werden.

5. **Verantwortung**
   Verantwortliche Rollen und Personen im Unternehmen zum Thema Nachhaltigkeit werden benannt und offengelegt. Ebenfalls hilfreich sind hier die gemäß ISO 9241–210 und ISO 27500 geforderten klaren Verantwortlichkeiten für Human-centered Design, Usability und Accessibility.
6. **Regeln und Prozesse**
   Offenlegung, welche Regeln und Prozesse die Nachhaltigkeitsstrategie der Organisation im operativen Handeln implementieren.
7. **Kontrolle**
   Offenlegung, welche Leistungsindikatoren (KPIs) zur Nachhaltigkeitsaspekten zur Planung und Kontrolle in der Organisation genutzt werden.
8. **Anreizsysteme**
   Offenlegung, wie Nachhaltigkeit und damit verbundene Ziele bei Zielvereinbarungen und Vergütung von Führungskräften und Mitarbeitenden Eingang finden.
9. **Beteiligung von Anspruchsgruppen**
   Darlegung von Einbeziehung gesellschaftlicher und wirtschaftlicher Stakeholder in Nachhaltigkeitsaktivitäten der Organisation. Die Rolle von User Research und Stakeholder Research sowie die Deliverables dieser Aktivitäten können hier einfließen.
10. **Innovations- und Produktmanagement**
    Offenlegung, wie Prozesse zur Innovation von Produkten oder Dienstleistungen die Nachhaltigkeit und Ressourcennutzung bei der Organisation und bei Nutzenden verbessern. Innovationskonzepte, welche die Vorteile des Human-centered Designs und damit der Bedarfsorientierung verfolgen, können hier als Differenzierungsmerkmal eingebracht werden (Bruckschwaiger & Lutsch, 2021).
11. **Inanspruchnahme natürlicher Ressourcen**
    Darlegung der Nutzens und des Verbrauchs von natürlichen Ressourcen durch die Organisation für deren Geschäftstätigkeit, bezogen auf den Lebenszyklus von Produkten und Dienstleistungen. Darunter fallen u. a. Boden, Fläche, Abfall, Energie, Wasser, Emissionen.
12. **Ressourcenmanagement**
    Offenlegung der qualitativen und quantitativen Ziele zur Steigerung einer Ressourceneffizienz der Organisation.
13. **Klimarelevante Emissionen**
    Darlegung der Treibhaus-Emissionen (THG) entsprechend dem Greenhouse Gas Protocol (GHG, 2024) einer Organisation, sowie damit verbundene Ziele zur Reduktion der Emissionen.
14. **Arbeitnehmerrechte**
    Bericht der Organisation, wie sie nationale und internationale Standards zu Arbeitnehmerrechten einhält und zur Beteiligung der Mitarbeitenden am Themenbereich Nachhaltigkeit.
15. **Chancengleichheit**
    Offenlegung, welche Prozesse und Ziele die Organisation in Bezug von Chancengleichheit hat. Dazu gehören Diversität, Arbeitssicherheit, Gesundheitsschutz (und

hier auch Usability/Ergonomie von Arbeitssystemen und Produkten), Mitbestimmung, Integration, Inklusion, Bezahlung und die Vereinbarung von Familie und Beruf.

16. **Qualifizierung**
Die Organisation legt dar, wie sie sicherstellt, dass Mitarbeitende die Fähigkeiten zur Teilhabe an der Arbeits- und Berufswelt haben und dies, im Bewusstsein des demographischen Wandels, auch in Zukunft berücksichtigt wird.

17. **Menschenrechte**
Offenlegung, wie die Organisation Maßnahmen und Prozesse ergreift, um für sich selbst und ihre Lieferkette(n) die Einhaltung der Menschenrechte sicherstellt. Darunter fällt auch die Vermeidung von Zwangs- und Kinderarbeit, sowie jede Art von Ausbeutung.

18. **Gemeinwesen**
Legt dar, wie eine Organisation zu dem Gemeinwesen der Regionen beiträgt, in dem die Organisation ihre Geschäftstätigkeit ausübt.

19. **Politische Einflussnahme**
Die Offenlegung der Aktivitäten einer Organisation bei gesetzgebenden Verfahren, Standardisierungen, Zahlungen an Verbände oder Einrichtungen, Zuwendungen an Regierungen und Spenden an Parteien oder Politiker*innen o. ä., aufgeschlüsselt nach Ländern.

20. **Gesetzes- und richtlinienkonformes Verhalten**
Darlegung der Prozesse und Regularien zur Vermeidung rechtswidriger Aktivitäten, insbesondere von Korruption. Es geht hier nicht nur um Verhinderung, sondern auch darum wie solche Verstöße aufgedeckt und sanktioniert werden.

3.3.8 ISO Directive 82

Die Direktive der Internationalen Standardisierungsorganisation ISO bietet Normenentwickler*innen und Editor:innen einen Leitfaden, wie sie Nachhaltigkeit bei der Erstellung, Überarbeitung und Aktualisierung von ISO-Normen und ähnlichen Dokumenten berücksichtigen können. Dadurch hat die Direktive auch einen unmittelbaren Einfluss auf die Anwender der Standards, sowie die dadurch beeinflussten Qualitäten von Produkten, Systemen, Prozessen oder Dienstleistungen.

Sie bietet Methoden, die Entwickler*innen von Normen nutzen können, um ihren eigenen, kontextabhängigen Ansatz von Nachhaltigkeit berücksichtigen zu können. Wichtig dabei ist, diesen Ansatz auf einer themenspezifischen Basis zu entwickeln, zu spezifizieren, zu dokumentieren und im Rahmen einer Compliance überprüfbar zu machen.

Im Rahmen der ISO Direktive 82 wird auch der Begriff Nachhaltigkeit definiert, um für Normungsprojekte ein gemeinsames Verständnis des Konzepts und der Dimensionen von Nachhaltigkeit zu bilden. Daher hat dieses Verständnis zum Thema Nachhaltigkeit direkte Auswirkungen auf die internationalen Standards zum Themenkomplex Usability und User Experience.

„Nachhaltigkeit: Zustand des Gesamtsystems, einschließlich der umweltbezogenen, sozialen und ökonomischen Aspekte, innerhalb dessen gegenwärtige Bedürfnisse erfüllt werden, ohne die Fähigkeit zukünftiger Generationen zur Erfüllung ihrer eigenen Bedürfnisse zu gefährden." (International Organization for Standardization, 2019/2).

3.3.9 Human-centered Design (ISO 9241–210)

Human-centered Design ist ein ganzheitlicher Ansatz zur Entwicklung interaktiver Systeme, der darauf abzielt, diese Systeme gebrauchstauglich und zweckdienlich zu machen. Der Fokus liegt hierbei auf dem User, dessen Erfordernissen und Anforderungen, sowie Kenntnissen und Techniken der Arbeitswissenschaft / Ergonomie. Er ist die Grundlage jeglicher Entwicklung von Systemen, Prozessen, Produkten und Services. Er steigert die Effektivität und Effizienz, die Zugänglichkeit und Nachhaltigkeit von Unternehmen und ihren Angeboten. Zudem wird das menschliche Wohlbefinden wie auch die Zufriedenstellung der Benutzer*innen und Angestellten verbessert. Human-centered Design wirkt möglichen nachteiligen Auswirkungen auf die menschliche Gesundheit, Sicherheit und Leistung entgegen, die bei der Nutzung des Systems entstehen (International Organization for Standardization, 2019/1).

UX Professionals gestalten für eine gute User Experience, aber da die tatsächliche User Experience von den Nutzenden erlebt wird, ist deren Lebensrealität, ihr Umgang mit dem interaktiven System und deren Nutzungsgeschichte mit diesem System von entscheidender Relevanz für die menschzentrierte Gestaltung.

In Kap. 8 des Standards ISO 9241–210: Human-centered Design wird die Verantwortung der Parteien dargelegt, die an der Gestaltung interaktiver Systeme beteiligt sind und dabei Nachhaltigkeit berücksichtigen müssen. Wichtig ist hier zu betonen, dass Human-centered Design sowohl Auswirkungen auf die Unternehmensstrategie (sogenannte UX Reife), auf die Planung von Projektvorhaben sowie auch bei der tatsächlichen Umsetzung von Projekten hat. Somit erkennt der Standard an, dass Human-centered Design direkte und indirekte Unterstützung für drei Säulen der Nachhaltigkeit (ökonomisch, sozial und ökologisch) bietet:

- ökonomisch – eine an den Nutzungskontext angepasste Gestaltung sollte „Nutzung, Qualität und Effizienz" verbessern,
- sozial – Gesundheit, Wohlbefinden und Engagement sollen eine positive Wirkung durch menschzentriert entwickelte „Systeme, Produkte und Dienstleistungen" entfalten und
- ökologisch – „[die menschzentrierte Gestaltung] ermutigt ausdrücklich alle an der Gestaltung Beteiligten, die langfristigen Folgen ihres Systems für ihre Benutzer zu bedenken und demzufolge auch die Folgen für die Umwelt." (International Organization for Standardization, 2019/1).

3.3.10 Der Leitfaden zur gesellschaftlichen Verantwortung (ISO 26000)

Dieser internationale Standard beschreibt die grundlegenden, gesellschaftlichen Verantwortungen und Anforderungen an eine Organisation und deren Stakeholder zu einer nachhaltigen Entwicklung beizutragen.

Entscheidungen und Aktivitäten von Unternehmen und Organisationen haben mittelbar oder unmittelbar Auswirkungen auf die Umwelt. Deren Berücksichtigung ist mittlerweile ein wichtiges Kriterium bei der Bewertung für die Leistungsfähigkeit als auch die Überlebensfähigkeit eben dieser Organisationen geworden.

Der Leitfaden zur gesellschaftlichen Verantwortung ist ein Manifest der Anerkennung, „[…] dass intakte Ökosysteme, soziale Gerechtigkeit und eine gute Organisationsführung sicherzustellen sind. Langfristig gesehen hängen alle Aktivitäten einer Organisation vom Zustand der weltweiten Ökosysteme ab." (International Organization for Standardization, 2010).

Der Standard formuliert dabei die folgenden Grundsätze gesellschaftlicher Verantwortung:

- Rechenschaftspflicht
- Transparenz
- Ethisches Verhalten
- Achtung der Interessen von Anspruchsgruppen
- Achtung der Rechtsstaatlichkeit
- Achtung internationaler Verhaltensstandards
- Achtung der Menschenrechte

Aspekte dieser Grundsätze finden sich im Code of Conduct für UX Professionals, wie auch in Standards zu Human-centered Design und der menschzentrierten Organisation (ISO 27500) wieder. Wie die Abb. 3.11 zeigt, ist die Entwicklung von Produkten, die den Bedarf an Nachhaltigkeit befriedigen, nie von organisatorischen Rahmenbedingungen zu lösen. Eines bedingt eine Veränderung des anderen (swohlwahr GmbH, 2023a).

Vor allem jedoch nehmen die erwähnten Grundsätze direkten Bezug zu gesellschaftlichen Zielen der Sustainable Development Goals der Vereinten Nationen.

3.3.11 Spezifische Empfehlungen

3.3.11.1 Web Sustainability Guidelines (WSG) W3C

Die Web Sustainability Guidelines (W3C, 2024) enthalten Empfehlungen für eine nachhaltigere Gestaltung von Websites und Produkten. Diese Empfehlungen berücksichtigen die Aspekte Umwelt, Soziales und Governance (ESG), umfassen Projektentscheidungen

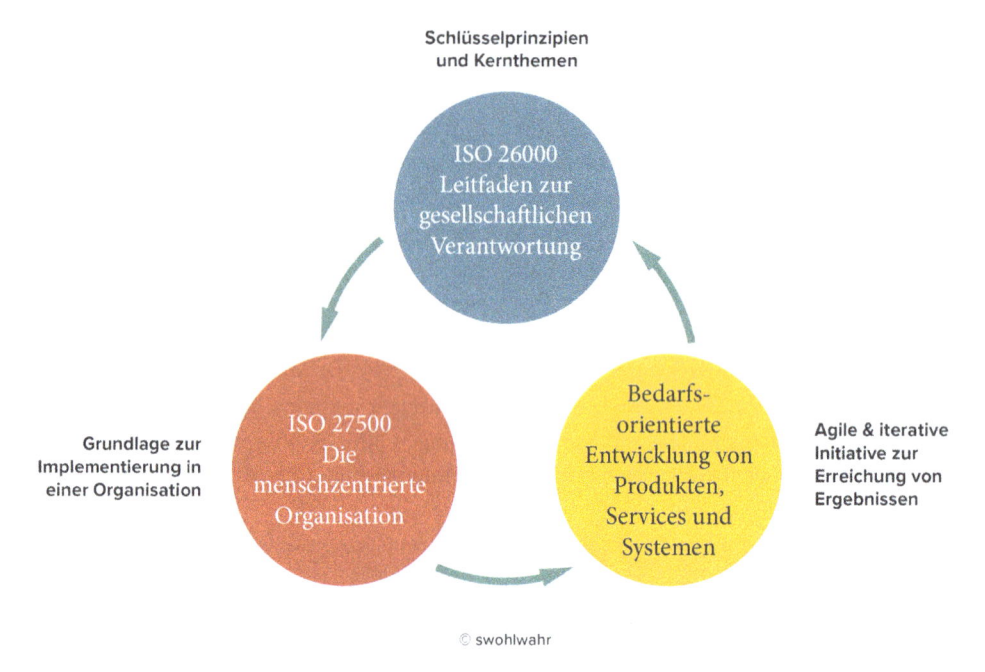

Abb. 3.11 Zusammenspiel der Organisationsstandards ISO 27500, ISO 26 000 und dem Design bedarfsorientierter und damit nachhaltiger Lösungen (swohlwahr GmbH, 2023a)

und das Design von Systemen. Laut W3C wird durch diese Empfehlungen der Beitrag zu den unterschiedlichen Zielräumen einer Nachhaltigkeitsstrategie ermöglicht. Dies betrifft das Zusammenspiel von menschzentrierter Gestaltung (Human-centered Design), performanter Entwicklungsstrategie für die Domäne Web, erneuerbare Infrastruktur und nachhaltiger Geschäftsstrategie. In den Guidelines ist außerdem klargestellt, dass die W3C Leitlinien lediglich einen Aspekt im Kontext der Lösungsentwicklung darstellen und weitere umfassendere Maßnahmen auf dem Weg zu einer nachhaltigen Organisation/zu einem nachhaltigen Produkt etc. nötig sind.

3.3.11.2 Leitfaden „Ressourceneffiziente Programmierung" Bitkom

Der Branchenverband Bitkom hat einen Leitfaden „Ressourceneffiziente Programmierung" herausgegeben (Bitkom, 2021), in dem die Möglichkeiten der Berücksichtigung von Nachhaltigkeit, Langlebigkeit und Ressourceneffizienz bei Softwareentwicklungsprojekten dargelegt werden. Darüber hinaus soll der Leitfaden eine Anleitung für Projektverantwortliche sein, um den Zugang zum Thema „nachhaltige Software-Entwicklung" zu vereinfachen.

3.4 Unser strategisches Handeln in der Organisation

Es gibt wenige Professionen, die an so vielen Stellschrauben und über so viele Ebenen hinweg Einfluss auf Entscheidungen haben. Expert:innen aus unterschiedlichen Fokusfeldern wirken von der Strategie in der Organisation selbst bis hin zum fertigen Produkt, System oder Service begleitend oder gestaltend mit. Es ist nie der oder die einzelne Spezialist*in. Es ist ein interdisziplinäres Feld, indem durch viele Mitwirkende unterschiedliche Perspektiven eingebracht und die besten Lösungen erarbeitet werden.

Die UX Strategie setzt somit an 2 Ebenen an. Die Rahmenbedingungen, Teams und Prozesse sowie die Infrastruktur innerhalb eines Unternehmens zu etablieren, als auch die Entscheidung für Produkte, Services und Systeme über deren gesamten Lebenszyklus hinweg langfristig im Sinne der Unternehmensstrategie zu planen (Lutsch, 2011). Konkrete Werkzeuge für die strategische Planung werden in Kap. 4 vorgestellt. Entsprechend der ISO-Definition von Nachhaltigkeit, ist sie der Natur nach ein Bedarf (oder auch Need) der Benutzenden. Im Rahmen des Human-centered Design sind User Needs ein essenzieller Bestandteil, denn diese basieren auf der Analyse von User Research, Nutzer- bzw. Nutzungsdaten und abgeleiteten Erkenntnissen im jeweiligen Nutzungskontext. Der menschzentrierte Ansatz ist ein unternehmensweites Unterfangen (Lutsch und Petrovic, 2008). Somit liegen User Needs als auch Stakeholder Needs und daraus resultierende nachhaltige Qualitäten unternehmensweit in der Verantwortung der Spezialist*innen für Human-centered Design. Die Betrachtung von sozialen,- ökonomischen- und ökologischen Charakteristika von Prozessen, Produkten, Systemen und Dienstleistungen eines Unternehmens erfolgt strategisch – sofern die Betrachtung sowohl auf der Portfolio-, als auch auf der Projektebene und über den gesamten Lebenszyklus eines Produktes hinaus stattfindet. In Bezug auf die Nachhaltigkeit sind hier neben dem Mehrwert für die Nutzenden auch Auswirkungen durch die Rohstoffbeschaffung, die Produktion, die Lieferkette oder die Endlagerung auf Stakeholder inbegriffen.

Dabei bedeutet UX Strategie, und damit auch die Nachhaltigkeitsstrategie, eine Konkretisierung der Organisationsstrategie und steht somit auf derselben Ebene, sozusagen neben einer Geschäftsstrategie. Aspekte der UX Strategie, ebenso wie die Auswirkungen auf die Portfolio- und Produktstrategie, fließen auch in die entsprechenden Nachhaltigkeitsberichte gemäß ESRS (Abschn. 3.3.5), bzw. dem deutschen Nachhaltigkeitskodex (Abschn. 3.3.7).

In der Konsequenz erreicht eine UX Strategie somit alle Bereiche einer Organisation. Bedauerlicherweise fehlt für dieses ganzheitliche Modell zu oft, wie in Kap. 2 dargestellt, eine Akzeptanz seitens der Geschäftsführung. Allerdings fordert ISO 9241–210 (International Organization for Standardization, 2019/1) zum Human-centered Design klare Verantwortlichkeiten für menschzentrierte Aktivitäten. Deutlich schärfer ist der Organisationsstandard ISO 27500 zur Human-centered Organization mit einem dezidierten Teil ISO 27501 für das Management. Abb. 3.12 zeigt die Abhängigkeiten und Wechselwirkungen in einer menschzentrierten Organisation und verdeutlicht den ganzheitlichen

Anspruch (swohlwahr GmbH, 2023a, b). UX/Human-centered Design ist ein Handlungsfeld, das bereits am Anfang strategischen Planens und Handelns beginnt und nicht spät, verplant und stiefmütterlich in Projekten etwas hübsch machen darf – wie derzeit oftmals zum Leidwesen vom UX Expert*innen (siehe Abschn. 2.3.2.2.).

Somit kann man zusammenfassend sagen, dass Nachhaltigkeit, wie in den regulatorischen Rahmenbedingungen umrissen, ebenfalls ein unternehmensweites, strategisches Handlungsfeld ist. Es stellt durch die standardkonforme Einbindung in Human-centered Design und in die Human-centered Organization, als auch durch die weitgehende Deckungsgleichheit der Qualitäten menschzentrierten Handelns mit den Sustainable Development Goals eine logische Ergänzung dar.

Als Lösungsansatz, muss UX Professionals bewusst werden, dass Projektplanung weit vor einem ersten Teammeeting eines Projektes stattfindet. Sie müssen mit dem entsprechenden Mandat, mit entsprechender Rolle, mit angemessener Expertise und Erfahrung im Rahmen strategischer Modellierung handeln.

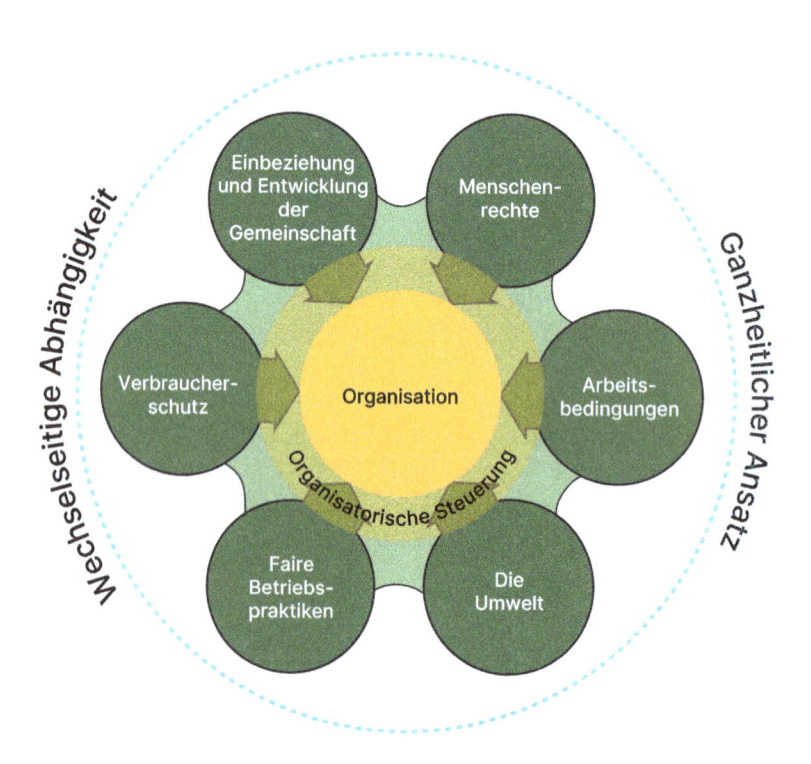

Abb. 3.12 Wechselwirkung in einer menschzentrierten Organisation (swohlwahr GmbH, 2023a)

3.5 Unser operatives Handeln im Projekt

Ist das strategische Handeln die langfristige Planung und Steuerung, so bedeutet operatives Handeln die konkrete Umsetzung von Lösungen im Projektkontext. Wie im Human-centered Design verankert, bilden Evidenz und Bedarf, einschließlich der Nachhaltigkeitserfordernisse, die Grundlage der Aktivitäten und Prozesse von UX Professionals. Diese finden in funktionalen und operativen Ebenen einer Organisation statt und sind Konsequenzen der Unternehmensstrategie, der menschzentrierten Organisation und der damit verbundenen umfassenden Nachhaltigkeitsstrategie, wie Abb. 3.13 (swohlwahr GmbH, 2023/1) verdeutlicht.

Designentscheidungen für sowohl analoge als auch digitale Produkte, Services und Systeme müssen zugunsten der Nachhaltigkeit Lösungen für bestehende Probleme liefern. Sie müssen auf einem validierten Bedarf beruhen, also auf der Basis von Daten wie

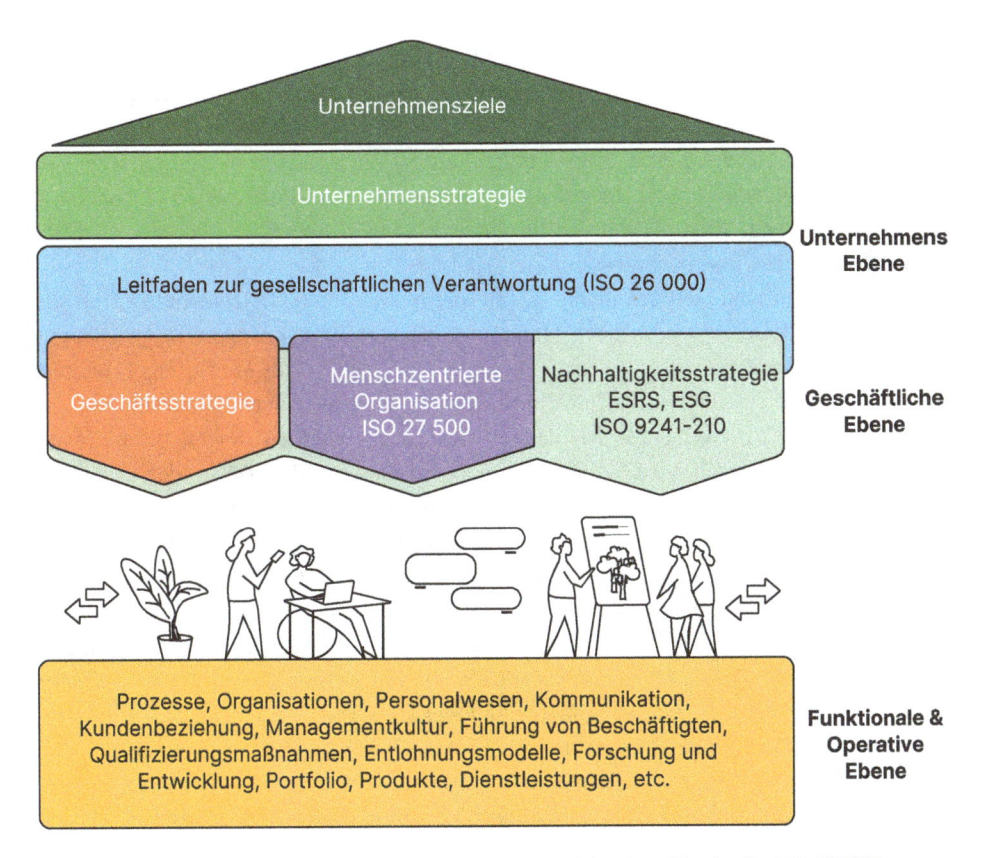

Abb. 3.13 Ebenen des operativen und strategischen Handelns (swohlwahr GmbH, 2023/1)

User und Stakeholder Requirements, getroffen werden. Die Nutzenden stehen im Vordergrund, Auswirkungen von Lösungen müssen antizipiert und mithilfe von Daten bestätigt werden, um sie in die Entscheiderebene tragen zu können. Durch diese solide Grundlage ist es möglich, kreative, innovative oder sogar disruptive Lösungen zu entwickeln, die sich positiv auf die Nutzenden, deren Sicht und Handeln in Bezug auf Nachhaltigkeit, sowie auf die Gesellschaft, Umwelt und die Unternehmensziele auswirken. Neben der Entwicklung von nachhaltigen Lösungen kann hier ein Mehrwert für Unternehmen geschaffen und auch argumentativ verteidigt werden.

Die neuen Nachhaltigkeitsberichte erfordern auch von UX Professionals Transparenz und Engagement, um ihre Arbeit entsprechend den Anforderungen der Regularien zu dokumentieren und sich den Auswirkungen (kurz-, mittel- bis langfristig) bewusst zu werden. Hier liegt eine große Chance für eine weitere Profilierung des Berufsfeldes.

Die Interaktion des Menschen mit anderen, seiner Umgebung und Systemen ist die Grundlage allen Handelns. Nachdem der Mensch an all diesen Aktivitäten beteiligt ist, muss dafür konsequenterweise gestaltet werden. Es gibt kaum Prozesse, sowohl im privaten als auch im unternehmerischen Kontext, die nicht von Interaktion und somit nicht von Human-centered Design in irgendeiner Weise geprägt sind. Der Mensch trifft Entscheidungen, wie er handeln möchte oder wird durch Anreize dazu motiviert, Dinge zu tun, die im Interesse anderer liegen. Die Entscheidung ist nicht immer völlig frei, viele psychologische und soziologische Mechanismen fließen in diese Prozesse ein. Dennoch ist es der interagierende Mensch, mit den für ihn konzipierten Angeboten, der seine Umwelt bewusst oder unbewusst beeinflusst.

Leider wird in Unternehmen häufig nur für die Nutzenden (User-centered Design statt Human-centered Design) oder nach Unternehmensanforderungen realisiert, wie bereits in Abschn. 2.3.2.2 dargelegt wurde. Die Prozesse sind häufig noch nicht wirklich auf bedarfsorientierte und menschzentrierte Entwicklung ausgelegt (Bruckschwaiger & Lutsch, 2020). Auch wenn alle Methoden, Werkzeuge und Grundlagen für nachhaltiges Handeln bereits seit vielen Jahren vorhanden sind, werden sie in der Praxis aus unterschiedlichen Gründen nicht angewendet. Human-centered Design, basierend auf den internationalen Standards, bedeutet, die Perspektiven aller mit in die Planung und Umsetzung von Produkten, Services und Systemen mit einzubeziehen und die beste Lösung für alle zu entwickeln. Dabei bedeutet „alle": die Perspektive der Nutzenden, der Stakeholder im Unternehmen und jener, die von den kurz- bis langfristigen Designentscheidungen betroffen sind. Nachhaltiges, operatives Handeln von UX Professionals kann erst gelingen, wenn diese Grundlagen ernst genommen und in der Umsetzung gelebt werden. Frustrationen kann dann entgegengewirkt werden, wenn dem Drang nicht mehr nachgegeben wird die Existenzberechtigung von UX und eine ganzheitliche Betrachtung zu rechtfertigen.

Diese Perspektive öffnet UX Expert*innen einen großen Spielraum, Produkte, Services und Systeme so zu bauen, dass sie die Entscheidungen von Menschen für nachhaltiges Handeln unterstützen. In Kap. 4 werden dazu konkrete „Werkzeuge und Praktiken im UX Design for Sustainability" vorgestellt. Nur ein Mensch kann für sein Handeln der Gesellschaft oder der Natur gegenüber zur Verantwortung gezogen werden.

Literatur

International Organization for Standardization. (2019/1). Ergonomics of human-system interaction, – Part 210: Human-centered Design, (ISO Standard No. 9241–210:2019).
IAPUX. (2024). Internationales Akkreditierungsprogramm für UX Professionals. (2024). abgerufen am 10.4.2024, von https://UX-accreditation.org/focus-areas/.
International Organization for Standardization. (2020). Ergonomics of human-system interaction, – Part 110: Interaction principles, (ISO Standard No. 9241–110:2020).
Kurosu, M., & Kashimura, K. (1995). *Apparent Usability vs. Inherent Usability. in* CHI '95: Conference companion on Human factors in computing systems (S. 292–293). Mai 1995. https://doi.org/10.1145/223355.223680.
International Organization for Standardization. (2017). Ergonomics of human-system interaction, – Part 112: Principles for the presentation of information, (ISO Standard No. 9241–112:2017).
McGovern, G. (2022). *90% of data is crap*, abgerufen am 18. April 2024, von https://gerrymcgovern.com/90-of-data-is-crap/.
Bruckschwaiger, C. (2022). Bitte suchen Sie keine UX/UI-Designer – Rollenbilder im Human-centered Design. *Wirtsch Inform Manag* 14, 294–301 (2022). https://doi.org/10.1365/s35764-022-00427-1.
International Organization for Standardization. (2010). Guidance on social responsibility (ISO Standard No. 26000:2010).
International Organization for Standardization. (2016). The human-centred organization. Rationale and general principles, (ISO Standard No. 27500:2016).
Jonas T. (2024). *Planet Centric Design: Strategy & Practice*, Page, 02/24, Seite 79–83 (2024).
Klerks G. et al (2022) Klerks, G., Slingerland, G., Kalinauskaite, I., Hansen, N. B., & Schouten, B. A. M. (2022). When Reality Kicks In: Exploring the Influence of Local Context on Community-Based Design. Sustainability, 14(7), Article 4107. https://doi.org/10.3390/su14074107.
Jonas T. (2023), *Nachhaltige UX – ein Interview mit Thorsten Jonas*, German UPA, abgerufen am 10.04.2024, von https://germanupa.de/blog/nachhaltige-UX ein-interview-mit-thorsten-jonas.
Delaney E. & Liu W. (2023) Postgraduate design education and sustainability—An investigation into the current state of higher education and the challenges of educating for sustainability. Front. Sustain. 4:1148685. https://doi.org/10.3389/frsus.2023.1148685.
Jonas, T. (2022). Sustainable UX – Or how UX can (hopefully) save the world [Videoaufnahme Vortrag], https://youtu.be/q9ziJOMQwak.
Leal Filho W. et al (2024) Leal Filho, W., Viera Trevisan, L., Paulino Pires Eustachio, J. H., Simon Rampasso, I., Anholon, R., Platje, J., Will, M., Doni, F., Mazhar, M., Borsatto, J. M.L.S. and Bonato Marcolin, C. (2024), „Assessing ethics and sustainability standards in corporate practices", Social Responsibility Journal, Vol. 20 No. 5, pp. 880–897. https://doi.org/10.1108/SRJ-03-2023-0116.
Rossi E. & Attaianese E. (2022) Rossi E, & Attaianese E. Research Synergies between Sustainability and Human-Centered Design: A Systematic Literature Review. Sustainability. 2023; 15(17):12884. https://doi.org/10.3390/su151712884.
SUX – the Sustainable UX Network. (2024). SUX. The 11 principles of Sustainable UX, https://sustainableuxnetwork.com/the-11-principles-of-sustainable-ux.
German UPA. (2024). *Code of conduct*, abgerufen am 12.04.2024 von https://germanupa.de/blog/code-conduct.
Internationales Akkreditierungsprogramm für UX Professionals. (IAPUX 2024). *Code of conduct*, abgerufen am 10.04.2024 von https://UX-accreditation.org/code-of-conduct/.
International Organization for Standardization. (2016). The human-centred organization – Rationale and general principles, (ISO Standard No. 27500:2016).

Lutsch, C. (2022). *Standards für Usability*. Wirtsch Inform Manag 14, 308–312 (2022). https://doi.org/10.1365/s35764-022-00425-3.

UN. (2024). *The 17 Goals, Sustainable Development*. Department of Economic and Social Affairs. Abgerufen am 12.04.2024, von https://sdgs.un.org/goals.

UNRIC. (2024). *17 Ziele für nachhaltige Entwicklung*. Regionales Informationszentrum der Vereinten Nationen. Abgerufen am 10.02.2024, von https://unric.org/de/17ziele.

UNEPFI. (2005). *A legal framework for the integration of environmental, social and governance issues into institutional investment*, United Nations Environment Programme Finance Initiative https://www.unepfi.org/fileadmin/documents/freshfields_legal_resp_20051123.pdf.

EU. (2024). *Der europäische Grüne Deal*, Europäische Kommission. Abgerufen am 10.04.2024 von https://commission.europa.eu/strategy-and-policy/priorities-2019-2024/european-green-deal_de.

EU. (2022/1). *Richtlinie (EU) 2022/2464 des Europäischen Parlaments und des Rates vom 14. Dezember 2022 zur Änderung der Verordnung (EU) Nr. 537/2014 und der Richtlinien 2004/109/EG, 2006/43/EG und 2013/34/EU hinsichtlich der Nachhaltigkeitsberichterstattung von Unternehmen (Text von Bedeutung für den EWR)*. Amtsblatt der Europäischen Union L 322/15 2022 http://data.europa.eu/eli/dir/2022/2464/oj.

EU. (2023). Delegierte Verordnung (EU) 2023/2772 der Kommission vom 31. Juli 2023 zur Ergänzung der Richtlinie 2013/34/EU des Europäischen Parlaments und des Rates durch Standards für die Nachhaltigkeitsberichterstattung, Amtsblatt der Europäischen Union L 2023/2772 2023 http://data.europa.eu/eli/reg_del/2023/2772/oj.

EU. (2022/2). *Corporate sustainability due diligence*, Europäische Kommission. Abgerufen am 10.04.2024 von https://commission.europa.eu/business-economy-euro/ng-business-eu/corporate-sustainability-due-diligence_en.

DNK. (2024). Deutscher Nachhaltigkeitskodex, abgerufen am 10.04.2024 von https://www.deutscher-nachhaltigkeitskodex.de/de/bericht/bericht-erstellen/berichtsinhalte/.

Bruckschwaiger, C., Lutsch, C. (2021) *Bedarfsorientierte Innovation*. Wirtsch Inform Manag 13, 310–317 (2021). https://doi.org/10.1365/s35764-021-00343-w.

GHG. (2024). GREENHOUSE GAS PROTOCOL, abgerufen am 10.04.2024 von https://ghgprotocol.org/.

International Organization for Standardization. (2019/2). Guide 82 – Guidelines for addressing sustainability in standards, (ISO Guide No. 82:2019).

W3C. (2024). Web Sustainability Guidelines (WSG) 1.0, abgerufen am 12.04.2024, von https://w3c.github.io/sustyweb/.

Bitkom. (2021). *Ressourceneffiziente Programmierung*, abgerufen am 12.04.2024, von https://www.bitkom.org/sites/main/files/2021-03/210329_lf_ressourceneffiziente-programmierung.pdf.

Lutsch, C. (2011). *ISO Usability Standards and Enterprise Software: A Management Perspective*. In: Marcus A. (eds) Design, User Experience, and Usability. Theory, Methods, Tools and Practice. DUXU 2011/Springer Jan 1, 2011.

Lutsch, C., Petrovic, K. (2008). *Human-Centered Design als Unternehmensstrategie: Ein Arbeitsbericht*. In: Brau, H., Diefenbach, S., Hassenzahl, M., Koller, F., Peissner, M., Röse, K. (eds.) Usability Professionals 2008, S. 215–219. German Chapter der Usability Professionals Association e. V, Stuttgart (2008).

swohlwahr GmbH. (2023), *Der Human-centered Organization Canvas*. swohlwahr GmbH. Abgerufen am 15.04.2024 von https://www.swohlwahr.com/human-centered-organization-canvas.

swohlwahr GmbH. (2023/1), *Der Sustainability Strategy Canvas*. swohlwahr GmbH. Abgerufen am 15.04.2024 von https://www.swohlwahr.com/sustainable-strategy-canvas.

Bruckschwaiger, C., Lutsch, C. (2020). *Warum wir eine neue Unternehmensethik brauchen*. Wirtsch Inform Manag 12, 258–261 (2020). https://doi.org/10.1365/s35764-020-00276-w.

Werkzeuge und Praktiken im UX Design for Sustainability

4

Katharina Clasen, Thorsten Jonas und Martin Tomitsch

Zusammenfassung

Die Ergebnisse von Studien ausgeführt von der German UPA und dem UK Design Council zeigen, dass Designer*innen mehr und mehr Nachhaltigkeit in ihrer Gestaltungsarbeit berücksichtigen. Die Relevanz von Sustainability ist den Umfrageergebnissen zufolge auch ein Thema, das in Unternehmen eine steigende Rolle spielt. Aktuelle Praxis konzentriert sich allerdings vorwiegend auf Formen der direkten Einflussnahme und beinhaltet Ansätze wie die Verbesserung der Barrierefreiheit, Reduzierung von Datenmengen, und Vermeidung von unnötigen Funktionen. Mit den richtigen Werkzeugen und Praktiken, haben Designer*innen aber auch die Möglichkeit, in Bezug auf Nachhaltigkeit indirekt Einfluss zu nehmen, was zum Beispiel Behavior Design Techniken und langfristiges Denken umfasst. Dieses Kapitel beschreibt, wie existierende Werkzeuge und Praktiken aus dem Human-centered Design angepasst werden können,

Ergänzende Information Die elektronische Version dieses Kapitels enthält Zusatzmaterial, auf das über folgenden Link zugegriffen werden kann https://doi.org/10.1007/978-3-658-45048-9_4.

K. Clasen (✉)
Katharina Clasen UX Design, Baltmannsweiler, Deutschland
E-Mail: katharina@katharinaclasen.de

T. Jonas
SUX Network, Hamburg, Deutschland
E-Mail: thorsten@sustainableuxnetwork.com

M. Tomitsch
Transdisciplinary School, University of Technology Sydney, Sydney, Australien
E-Mail: martin.tomitsch@uts.edu.au

© Der/die Autor(en), exklusiv lizenziert an Springer Fachmedien Wiesbaden GmbH, ein Teil von Springer Nature 2025
O. Lange und K. Clasen (Hrsg.), *User Experience Design und Sustainability*,
https://doi.org/10.1007/978-3-658-45048-9_4

um deren Einfluss in der inhaltlichen (welche Akteure involviert sind) und der zeitlichen (was die langfristigen Auswirkungen sind) Dimension zu erweitern. Das Kapitel stellt zusätzliche Werkzeuge und Praktiken vor, um das existierende Human-centered Design Repertoire zu erweitern und eine ganzheitliche Perspektive in den Gestaltungsprozess zu bringen. Abschließend erörtert das Kapitel, wie diese Ansätze helfen können, um aktuelle Barrieren zur Nachhaltigkeit zu überkommen, wie etwa die Überzeugung von Interessengruppen und die Akzeptanz des Ansatzes von Unternehmen und Kund*innen.

4.1 Ein Blick auf den Status Quo

Wie die Ergebnisse der Online-Umfrage, durchgeführt von der German UPA und behandelt in Kap. 2, zeigen, ist UX Design für Sustainability ein wichtiges Thema für die UX Community. Es gibt einen Bedarf an methodischen Grundlagen und Prozessen, um Nachhaltigkeit praktisch und strategisch in Organisationen einzuführen. Die Umfrage, die speziell die deutsche UX Community umfasste, zeigte, dass 61 % aller Befragten ressourcenschonende und energieeffiziente Gestaltung sowie *"umweltfreundliche Entscheidungen während den UX design Prozessen"* – wie ein Proband es auf den Punkt brachte – verwenden, um die Nachhaltigkeit des Produkts zu beeinflussen. Ansätze, die basierend auf den Ergebnissen der Umfrage bereits weit verbreitet sind, beinhalten digitale Barrierefreiheit, Reduzierung von Datenmengen und Vermeidung von Dark Patterns und unnötigen Features, die Zeit und Ressourcen kosten. Diese Ansätze stammen aus dem in Kap. 2 beschriebenen formativen Wirkungsraum. Sie ermöglichen insbesondere eine bereits in Kap. 1 vorgestellte direkte Einflussnahme, da mit ihnen und anderen Strategien, Tätigkeiten und Maßnahmen direkt die Nachhaltigkeit des Produkts, Systems oder der Dienstleistung beeinflusst werden. Das Vermeiden von Dark Patterns beispielsweise ermöglicht aber auch eine indirekte Einflussnahme, da je nach Umsetzung dadurch auch das Verhalten der Nutzenden beeinflusst werden kann, was wiederum in einem Effekt in Bezug auf Nachhaltigkeit resultiert.

Lediglich 13 % sahen die ganzheitliche Herangehensweise (womit zum einen die Berücksichtigung der gesamten Wertschöpfungskette und zum anderen das Tätigwerden sowohl im formativen als auch im prospektiven Wirkungsraum gemeint ist) und Integration von Nachhaltigkeit in ihrer beruflichen Praxis als zentral, und 25 % der Befragten fanden, dass ein Fokus auf den prospektiven Wirkungsraum wichtig sei. Die Umfrageergebnisse deuten hier speziell auf die Auseinandersetzung mit den Themen Behaviour Change und langfristiges Denken hin, welche UX Designer*innen die Möglichkeit der indirekten Einflussnahme in Bezug auf Nachhaltigkeit bieten.

Eine ähnliche Studie wurde vom UK Design Council mit der britischen Design Community durchgeführt (UK Design Council 2024). 66 % der Befragten gaben an, in den letzten 12 Monaten das Thema Nachhaltigkeit in ihrer Designarbeit berücksichtigt zu haben. 73 % sind der Meinung, dass die Nachfrage nach Sustainable Design in den nächsten drei Jahren steigen wird, aber nur 43 % glauben, dass sie die notwendigen Mittel und Wissen haben, um dies in der Praxis umzusetzen.

In der Studie mit der deutschen UX Community äußerten 68 % der Befragten eine Unzufriedenheit mit dem Ausmaß, in dem sie Nachhaltigkeit in ihre tägliche Arbeit integrieren können. Einer der in Kap. 2 identifizierten Wege, um diese Wende zu unterstützen, ist die Bereitstellung von Best Practices, Methoden und Prozessen. Das entspricht auch dem Wunsch von 41 % der Befragten nach mehr Wissen und Expertise. Sie fordern konkrete Tipps und Handlungsempfehlungen oder Best Practices und Guidelines, sowie konkrete Strategien und laut Aussage eines Probanden auch *"Handlungsideen – wo und wie […] überall nachhaltig agiert werden [kann]"*.

Dieses Kapitel widmet sich speziell der Untersuchung von Werkzeugen und Praktiken, deren Rolle im Human-centered Design und wie mit ihrer Hilfe, für die Berücksichtigung von Nachhaltigkeit, sowohl direkt als auch indirekt Einfluss genommen werden kann.

4.2 Aktuelle Werkzeuge und Praktiken im Human-centred Design

Wie können wir Nachhaltigkeit konkret in unsere Arbeit als UX Professionals einbinden und umsetzen? Alle Aspekte, die in Kap. 3 genannt wurden, also unsere Handlungsprinzipien, die regulatorischen Grundlagen und das strategische und operative Handeln sind untrennbar damit verbunden. Die Handlungsprinzipien bilden die Grundlage, die Regularien geben den Rahmen und (unter)stützen, und die Strategie zeigt die Richtung für unser operatives Handeln im Projekt.

Human-centered Design hat sich als Reaktion auf das Tempo des technologischen Fortschritts entwickelt und wurde in den letzten Jahrzehnten populär, weil es Organisationen hilft, die Bedürfnisse ihrer Verbraucher*innen und Nutzer*innen besser zu verstehen (Cooper 2004). Dies beinhaltet einen Fokus auf Interessenträger*innen, Nutzungskontext und kreative Prozesse (Maguire 2001). Um diesen Ansatz umzusetzen, verwenden Designer*innen Werkzeuge und sammeln Daten, um Fragen zu beantworten, die das Spektrum von der physischen Natur der Interaktion der Menschen mit dem Produkt, System und Service bis hin zur metaphysischen Natur umfassen (Giacomin 2015).

Die aktuellen Werkzeuge und Praktiken, die weitestgehend aus dem Human-centered Design (HCD) stammen (International Organization for Standardization 2019a), ermöglichen:

- Ein Verständnis für den Nutzungskontext zu entwickeln.
- Daraus Anforderungen an die zu gestaltenden Lösungen abzuleiten.
- Menschzentrierte Lösungen zu gestalten und iterativ zu verbessern.

- Unsere Lösungen im Hinblick auf Gebrauchstauglichkeit und das Erfüllen von menschlichen Bedürfnissen zu evaluieren.

Alle diese Aspekte sind wichtig – auch im Kontext von UX Design für Nachhaltigkeit. Menschzentrierte Gestaltung darf nicht im Widerspruch mit nachhaltiger Gestaltung stehen. Eine Lösung kann nur wahrhaftig menschzentriert sein, wenn sie auch nachhaltig ist. Wie in Abschn. 3.3 bereits erwähnt, wird Nachhaltigkeit als eines der Ziele von Human-centered Design unterstützt (International Organization for Standardization 2019a).

4.3 Berücksichtigung der inhaltlichen und zeitlichen Dimensionen

Obwohl Nachhaltigkeit per Definition Teil des Human-centered Designs ist, sind aktuelle Werkzeuge und Praktiken nicht in ausreichendem Maße dafür ausgelegt, nachhaltige Lösungen zu planen und zu entwickeln. Zum einen fokussieren diese Werkzeuge und Praktiken hauptsächlich auf die direkt betroffenen Nutzer*innen, in manchen Fällen auch auf indirekt betroffene „Nicht Benutzer*innen", aber generell werden entfernte Menschen nicht oder kaum berücksichtigt (Gall et al. 2021). Dies inkludiert sowohl örtlich als auch zeitlich entfernte Menschen. Zum anderen ist der Fokus zumeist auf der Mikroebene, während Nachhaltigkeit stark von den Dingen beeinflusst wird, die auf der Makroebene passieren (Lutz 2022). Ziele, die auf der Makroebene wichtig sind, können zum Beispiel durch die UN Sustainable Development Goals (beschrieben in Abschn. 3.3) festgelegt werden. Das Verknüpfen der Mikro- und Makroebene macht auch die Rollen von nichtmenschlichen Akteuren sichtbar.

Ein möglicher Ansatz, um diese Limitierungen zu überwinden und sich UX Design for Sustainability zu nähern, ist, die vorhandenen Werkzeuge und Praktiken zu adaptieren (Clasen 2023b). Aus zwei Gründen erscheint dieses Vorgehen auch sinnvoll:

1. Die Werkzeuge und Praktiken sind bekannt, erprobt und es sind Informationen dazu verfügbar.
2. Den Werkzeugen und Praktiken wird bereits vertraut und in vielen Unternehmen gehören sie schon zum Repertoire. Es muss also keine Überzeugungsarbeit mehr geleistet werden.

> Wichtig hierbei ist, dass Nachhaltigkeit Teil des gesamten Designprozesses werden sollte und sich sowohl in der direkten als auch indirekten Einflussnahme wiederfindet.

4 Werkzeuge und Praktiken im UX Design for Sustainability

Nachhaltige Gestaltung und somit auch UX Design for Sustainability bedeutet entsprechend der Definition laut den "Guidelines for addressing sustainability in standards" (International Organization for Standardization 2019b), so zu gestalten, dass durch die Gestaltung und die gestalteten Lösungen die gegenwärtigen Bedürfnisse erfüllt werden, dadurch aber nicht die Möglichkeiten zukünftiger Generationen eingeschränkt werden. Das heißt also, dass der Designprozess zum einen auf die Auswirkungen im Hier und Jetzt blicken sollte und dabei auch direkte und indirekte Auswirkungen auf bisher oftmals nicht berücksichtigte Akteure betrachten muss. Zum anderen bedeutet das aber, diesen Blick und die umfangreiche Berücksichtigung auch in die Zukunft auszuweiten. Um dem gerecht werden zu können, ist es notwendig, dass Werkzeuge und Praktiken in den folgenden zwei Dimensionen erweitert werden (Clasen 2023b):

- In der **inhaltlichen Dimension**: Die angepassten Werkzeuge und Praktiken sollten sicherstellen, dass auch menschliche und nichtmenschliche Akteure berücksichtigt werden, die nicht direkt, sondern indirekt oder zeitverzögert betroffen sind.
- In der **zeitlichen Dimension**: Die angepassten Werkzeuge und Praktiken sollten sicherstellen, dass auch (mögliche) langfristige Folgen betrachtet bzw. antizipiert werden.

So könnten hinsichtlich der **inhaltlichen Dimension** neben klassischen Personas auch "Non-Human" und "Non-User" Proto-Personas erarbeitet werden (Lutz 2023; Tomitsch et al. 2021b). Anstatt einer klassischen "Stakeholder"[1] Map könnte eine Actant Map erstellt werden, welche auch nichtmenschliche und indirekt betroffene Akteure darstellt (Sznel 2020a). Eine Journey Map könnte um eine weitere Schicht ergänzt werden, welche Nachhaltigkeitsaspekte betrachtet. Im Business Model Canvas könnten Bereiche für Ressourcenverbrauch oder soziale/ökologische Kosten ergänzt werden (Joyce und Paquin 2016). Mit Blick auf die **zeitliche Dimension** könnte eine Journey Map in die Zukunft erweitert werden, oder im Scenario-based Design könnten ergänzend Zukunftsszenarien formuliert werden. Das heißt, dass heutige Werkzeuge und Praktiken durch entsprechende Adaptierung sowohl in die inhaltliche Richtung als auch in die zeitliche Richtung oder in beide Richtungen erweitert werden können (Abb. 4.1 und 4.2).

Auch wenn die im UX Design bereits bekannten Werkzeuge und Praktiken auf die erwähnte Weise erweitert werden, bleiben bestimmte Bedürfnisse unerfüllt. Gerade wenn es darum geht, ein Verständnis für das gesamte System zu entwickeln oder mögliche indirekte Folgen in der Zukunft vorherzusehen, helfen die angepassten Werkzeuge und Praktiken nur bedingt weiter. Hier werden neue Hilfsmittel aus anderen Bereichen benötigt, darunter:

---

[1] An dieser Stelle wird ausnahmsweise explizit der Begriff „Stakeholder" verwendet, weil das Werkzeug der Stakeholder Map darunter geläufi ist. An anderen Stellen im Kap. 4 wurde dieser Begriff bewusst ersetzt, da er zum Teil negativ konnotiert ist (Reed et al. 2024; Sharfstein 2016).

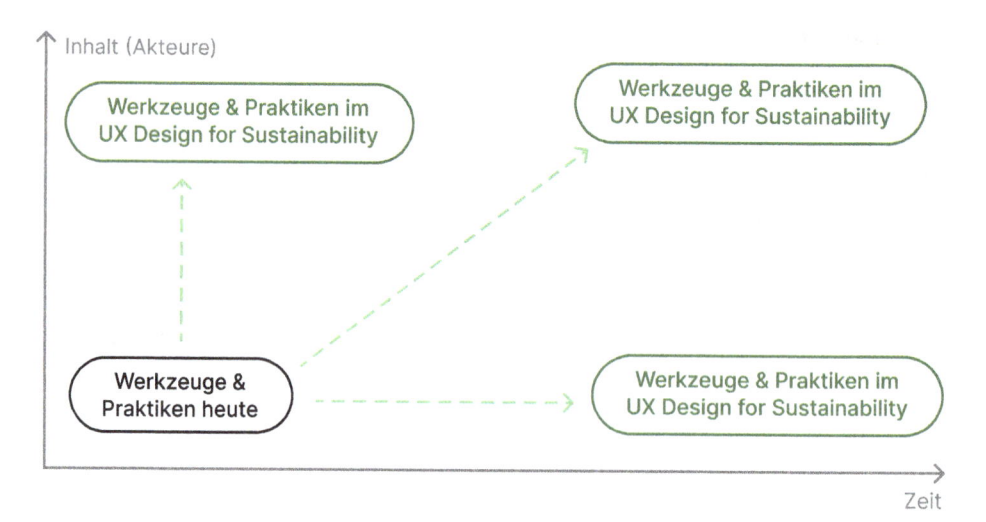

Abb. 4.1 Erweiterung der heutigen Werkzeuge und Praktiken in der inhaltlichen und zeitlichen Dimension. (Nach Clasen 2023b)

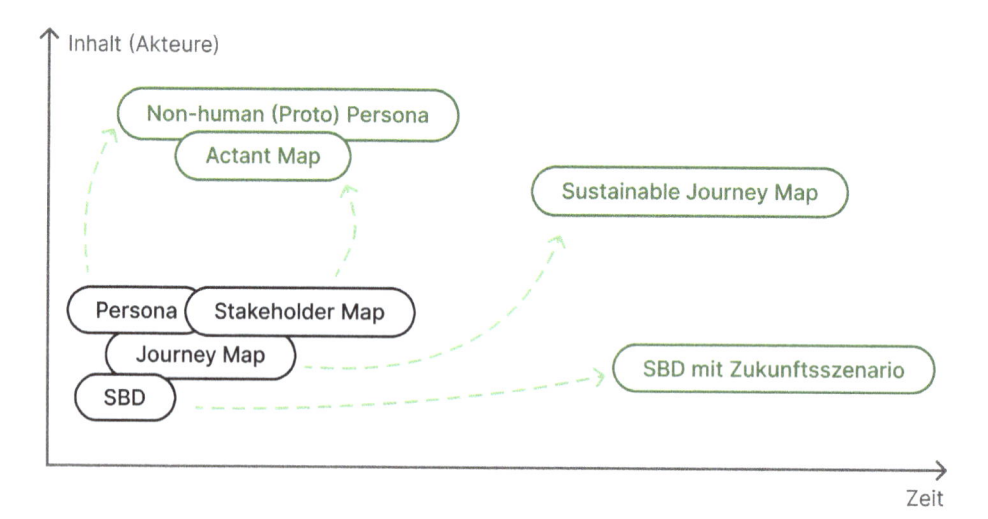

Abb. 4.2 Beispielhafte Erweiterung konkreter Werkzeuge in der inhaltlichen und zeitlichen Dimension. (Nach Clasen 2023b)

- Sustainability Strategy Canvas – ermöglicht: Antizipieren von kurz-, mittel und langfristigen, positiven und negativen Folgen einer Geschäfts-, Portfolio- oder Produktstrategie, Bezug nehmend auf die SDGs (swohlwahr GmbH 2023)
- Systems Mapping – ermöglicht: Systemverständnis (Tomitsch und Baty 2023)

- Needs to Consequences Mapping – ermöglicht: Antizipieren der direkten und indirekten negativen Auswirkungen der Erfüllung bestimmter User- und Unternehmensbedürfnisse auf einer humanitären, ökologischen und sozialen Ebene (Jonas 2023a)
- Behavioral Impact Canvas – ermöglicht: Aufdecken von Ursachen schädlicher Verhaltensweisen sowie ersetzen dergleichen mit nützlichen oder schadfreien Verhaltensweisen (Clasen 2023b)
- Impact Ripple Canvas – ermöglicht: Antizipieren von direkten und indirekten Folgen einer Lösung oder Aktivität (Tomitsch et al. 2021a)

4.4 Werkzeuge und Praktiken für Nachhaltigkeit im UX Design

Die Anzahl der Werkzeuge und Praktiken, die für das UX Design für Nachhaltigkeit genutzt werden können, ist groß. Dieses Kapitel kann also nur einen gewissen Auszug vorstellen. Eine systematische Literaturrecherche bezüglich geeigneten Werkzeugen und Praktiken in diesem Bereich ist schwierig durchzuführen, da dies ein entstehendes Thema ist und es bisher nur wenig Dokumentation in der Literatur gibt – speziell was die Anwendung von Werkzeugen und Praktiken in der Praxis betrifft. Tim Frick beschreibt in einem Kapitel seines Buchs „Designing for Sustainability" erste Ideen für nachhaltiges UX Design (Frick 2016). Weitere Ansätze sind von UX Praktiker*innen auf Plattformen wie Medium publiziert worden, wie zum Beispiel Actant Mapping (Sznel 2020a), Non-Human Personas (Lutz 2022; Sznel 2020b) und Systems Mapping (Acaroglu 2017). Andere sind in Form von Studien dokumentiert (El-Rashid et al. 2021; Tomitsch et al. 2024).

Zudem sollte erwähnt werden, dass das Handeln im UX Design, und somit auch die betrachteten Werkzeuge und Praktiken, in einen größeren Produktentstehungsprozess eingebunden sind. In diesem umfangreichen Prozess gibt es auch weitere Faktoren, welche die Nachhaltigkeit beeinflussen, z. B. die Wahl des Hosting Anbieters, genutzte Software-Frameworks (Frick 2016) oder Software-Architekturen (Andersen 2023).

Um eine Balance von praxisrelevanten und theoretischen Überlegungen zu finden, greift dieses Kapitel Werkzeuge und Praktiken auf, die die Autor*innen selbst in ihrer Arbeit als UX Professionals und Lehrende verwendet haben. Die Auswahl und Klassifizierung der Werkzeuge und Praktiken wurde danach von Autor*innen aus dem Kap. 3 überprüft und basierend auf deren Experten-Feedback angepasst.

Tab. 4.1 zeigt die durch diesen Ansatz identifizierten Werkzeuge und Praktiken bezogen auf ihre Position im Design Prozess – orientiert am Human-centered Design. Eine Auswahl von exemplarischen Werkzeugen und Praktiken wird in den nächsten Abschnitten detailliert beschrieben.

4.5 Werkzeuge im Detail

Im folgenden Abschnitt werden einige der oben identifizierten Werkzeuge (Tab. 4.1) sowie Beispiele detailliert beschrieben, um zu veranschaulichen, wie sie die Berücksichtigung von Nachhaltigkeit im UX Design unterstützen können. Die Werkzeuge wurden unter Berücksichtigung der folgenden Kriterien ausgewählt und später damit kategorisiert:

- Vertreter der verschiedenen Prozessphasen, wobei der Schwerpunkt auf dem Verstehen und Beschreiben des Kontexts liegt, da dies einen wichtigen Angriffspunkt für Nachhaltigkeit darstellt (später unter dem Stichwort "Prozessphasen" zu finden),
- Gleichgewicht zwischen inhaltlichen und zeitlichen Dimensionen (später unter dem Stichwort "Dimensionen" zu finden),
- Berücksichtigung beider Aspekte der Einflussnahme – direkt und indirekt (später unter dem Stichwort "Einflussnahme" zu finden) und
- Abdeckung vielfältiger Fokusfelder und Rollenbilder aus Abschn. 3.1 (später unter dem Stichwort "Rollenbilder" zu finden).

Tab. 4.1 Auswahl verschiedener Werkzeuge und Praktiken für das UX Design for Sustainability bezogen auf ihre Position im Design Prozess – orientiert am Human-centered Design

Phase (orientiert am HCD)	Werkzeuge (W) und Praktiken (P)
Prozess planen	Sustainable Business Model Canvas (W) Sustainability Strategy Canvas (W) UX KPI Management (P)
Kontext verstehen und beschreiben	User Research (P) System Mapping (W) Actant Mapping (W) (Proto) Personas (User, Non-user, Non-human) (W) Behavioral Impact Canvas (W) Sustainable User Journey Mapping (W) Jobs to be done (JTBD) (W) Needs to Consequences Mapping (W) Lifecycle Analysis (W/P)
Anforderungen spezifizieren	User Requirements Management (P)
Lösungen gestalten	Sustainable Journey Mapping (W) Behavioral Impact Canvas (W) Design for Accessibility (P) Ressourcenschonendes Design (P) Inclusive Design (P) Positive Nudging (P)
Lösungen evaluieren	Impact Ripple Canvas (W) Usability Evaluation (P) Needs to Consequences Mapping (W)

4.5.1 Sustainability Strategy Canvas

Prozessphasen: Insbesondere Prozess planen
Dimensionen: Zeitlich und inhaltlich
Einflussnahme: Direkt und indirekt
Rollenbilder: Insbesondere UX Management, UX Strategie, UX Architektur

Der Sustainability Strategy Canvas (Abb. 4.3) ist ein Werkzeug für Strategie- und Planungsworkshops, das in frühesten Phasen der Pilotierung, Findung, Ideation oder auch Portfolioplanung zum Einsatz kommen kann. Dabei werden die strategischen Handlungsräume und -effekte eines initialen oder intendierten Nutzungskontextes in Bezug auf die Sustainable Development Goals (SDGs) der Vereinten Nationen gestellt, um direkte, indirekte und projizierte positive und negative Effekte zu diskutieren, abzuschätzen und somit in weitere Planungsschritte überführen zu können (Bruckschwaiger und Lutsch 2023).

Der Sustainability Strategy Canvas kann auf drei Ebenen angewendet werden: Je nach Ebene bezieht sich die Wirkung auf die Strategie, das Portfolio oder das Projekt, immer in Bezug auf den zu betrachtenden Nutzungskontext (Abb. 4.4).

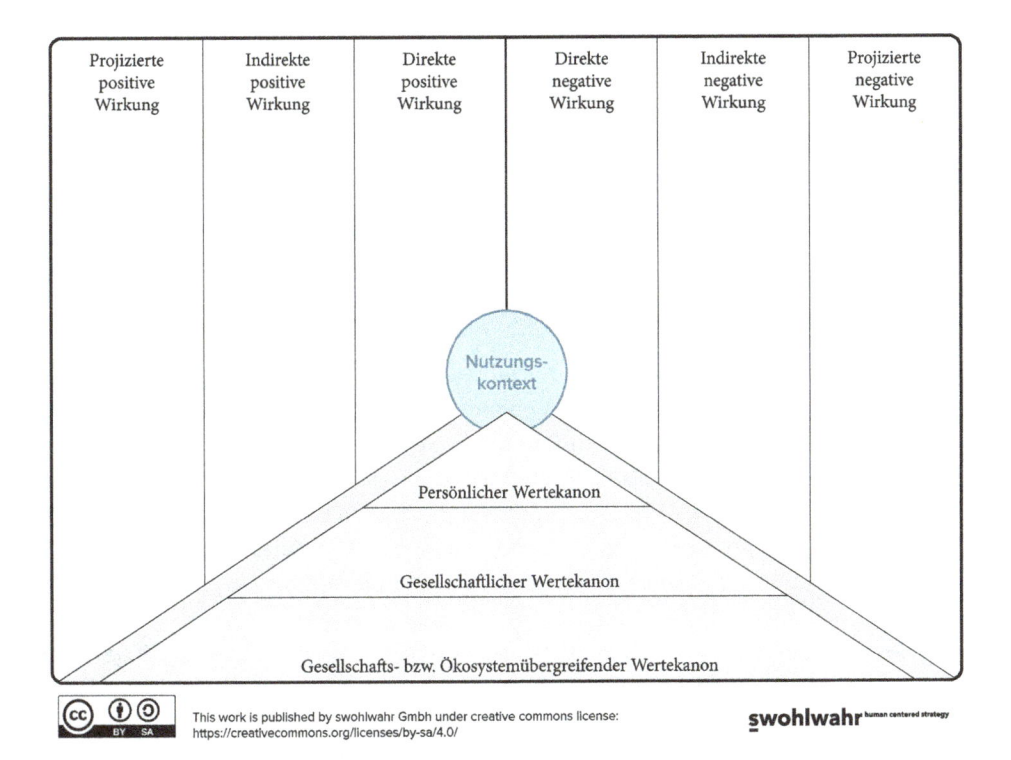

Abb. 4.3 Der Sustainability Strategy Canvas. (Quelle: swohlwahr GmbH 2023)

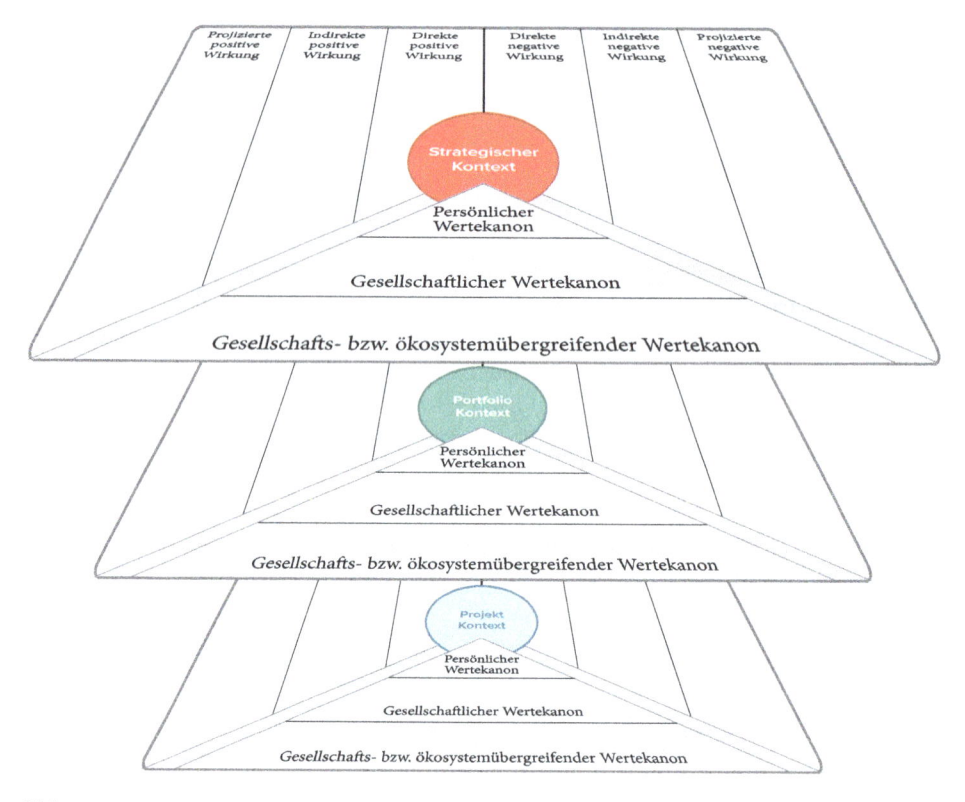

Abb. 4.4 Die drei Ebenen des Sustainability Strategy Canvas. (Quelle: swohlwahr GmbH 2023)

- Auf der Organisationsebene – wobei die Nachhaltigkeitsziele auf die gesamte Organisation, ihr Management, Prozesse, Mitarbeiter*innen, Lieferanten, Kund*innen und das Ökosystem angewendet werden.
- Auf der Portfolioebene – wobei die Nachhaltigkeitsziele auf die Bereiche angewendet werden, die mit der Planung, Kreation, Produktion, Gestaltung und Entwicklung von Produkten, Systemen und Dienstleistungen beauftragt sind.
- Auf der Projektebene – wobei die Nachhaltigkeitsziele im Rahmen des jeweiligen Nutzungskontextes eines spezifischen Produkts, Systems oder einer Dienstleistung betrachtet werden – sowohl bei der Anwendung durch einzelne User als auch von User Gruppen, bis hin zum umfassenden Life Cycle Management.

Für jedes Projekt werden im jeweiligen Kontext sowohl negative als auch positive kurz-, mittel- und langfristige Effekte identifiziert – bezogen auf alle in Frage kommenden SDGs. Basierend auf diesem erarbeiteten Mapping können konstruktive User Requirements ("*Shall*") und negative User Requirements ("*Shall not*") abgeleitet werden.

Produkte, Dienstleistungen und Systeme erzeugen immer sowohl positive als auch negative Effekte in verschiedenen Bereichen für unterschiedliche Akteure. Der menschenzentrierte Ansatz bietet Mittel, um positive Effekte zu verstärken und negative zu mildern (Bruckschwaiger und Lutsch 2023). Zum Beispiel, falls Wandern als Nutzungskontext betrachtet wird, kann der Sustainability Strategy Canvas verwendet werden, um anhand der SDGs direkte und indirekte positive und negative Effekte zu identifizieren (Abb. 4.5). Diese können anschließend den drei Ebenen zugeordnet werden und mittels menschzentrierter Ansätze Punkt für Punkt bearbeitet werden. Im konkreten Beispiel "Wege finden im Nationalpark" (Abb. 4.5) könnte sich zur Erreichung des Ziels "über die heimische Natur lernen" das folgende konstruktive User Requirement ("Shall") ableiten lassen: "Mit dem System müssen die Wandernden in der Lage sein, heimische Pflanzenarten zu erlernen". Das im gleichen Beispiel im Canvas als indirekte negative Folge identifizierte "Verlassen der gekennzeichneten Wege" lässt sich in folgendes "Shall not" bzw. ein negatives User Requirement überführen: "Mit dem System dürfen Wandernde nicht in der Lage sein, inoffizielle Wege in ihrer Planung einzubeziehen."

4.5.2 Systems Mapping

Prozessphasen: Insbesondere Kontext verstehen und beschreiben
Dimensionen: Inhaltlich
Einflussnahme: Direkt und indirekt
Rollenbilder: Insbesondere UX Management, UX Strategie, User Research, Accessibility

Eine Systems Map (Systemkarte) stellt visuell das Netzwerk von Komponenten dar, aus denen ein Produkt, eine Dienstleistung oder eine Organisation und ihre Umgebung besteht (Tomitsch und Baty 2023). Die zwischen den verschiedenen Elementen hergestellten Verbindungen helfen dabei, die kausalen Zusammenhänge zwischen ihnen zu beleuchten. Systems Maps können in allen folgenden Phasen eines Designprozesses als Referenzpunkt verwendet werden.

Als erster Schritt, ist es hilfreich eine Mindmap zu erstellen (Tomitsch et al. 2021a). Diese kann auch zusammen mit anderen Interessenträgern erstellt werden. Die Themen in der Mindmap werden dann später zu Elementen in der Systems Map. Liegt der Schwerpunkt beispielsweise auf dem Design oder der Evaluierung eines Video-basierten sozialen Netzwerks, könnte ein Zweig der Mindmap die Software-Algorithmen umfassen und sich weiter verzweigen, um verschiedene Parameter zu erfassen, die eine Auswirkung auf die Algorithmen haben (Abb. 4.6). Ein anderer Zweig könnte sich auf die Nutzer*innen konzentrieren und festhalten, was deren Motivationen für die Verwendung der Plattform sind, sowie was mögliche negative Auswirkungen sein könnten.

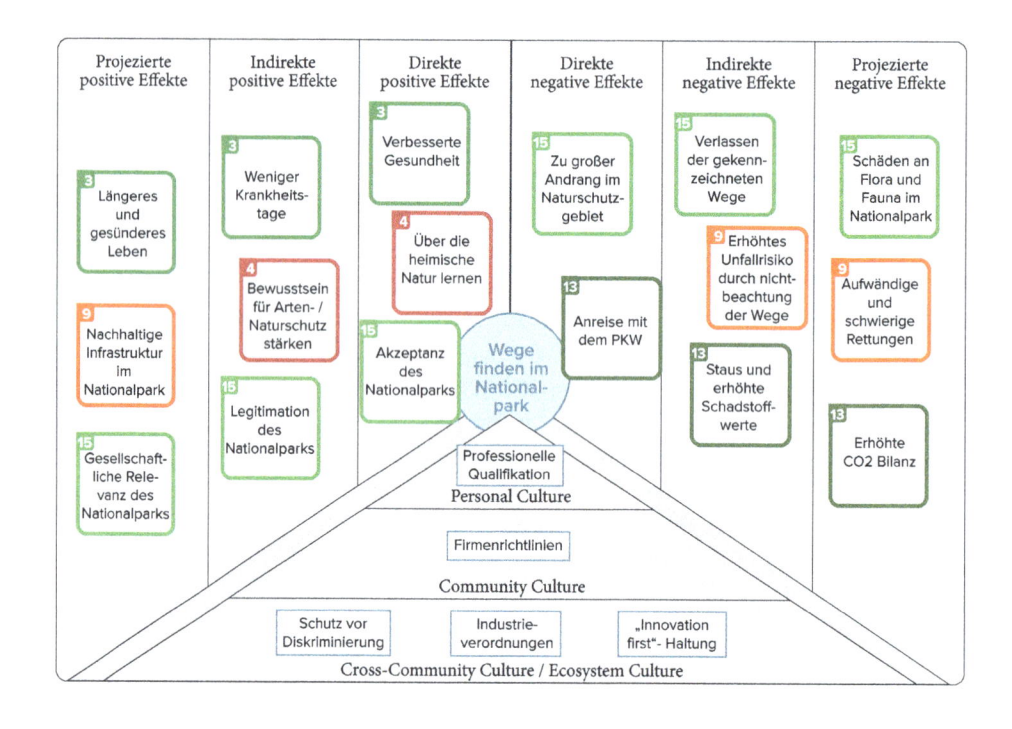

Abb. 4.5 Beispiel eines Sustainability Strategy Canvas, Nutzungskontext Wandern. (Quelle: swohlwahr GmbH 2023)

Die Art der Beziehungen der Elemente in der Systems Map wird durch „ + "- und „-"-Zeichen angezeigt. Positiv und negativ bedeuten im systemischen Sinne nicht gut und schlecht, sondern vielmehr, dass eine Änderung eines Elements eine Zunahme oder Abnahme eines anderen Elements bewirkt (Tomitsch und Baty 2023). Beispielsweise erhöht die Zufriedenheit der Nutzer*innen mit den gezeigten Videos die Anzahl der Videos, die angesehen werden. Eine negative Beziehung stellt einen umgekehrten Effekt

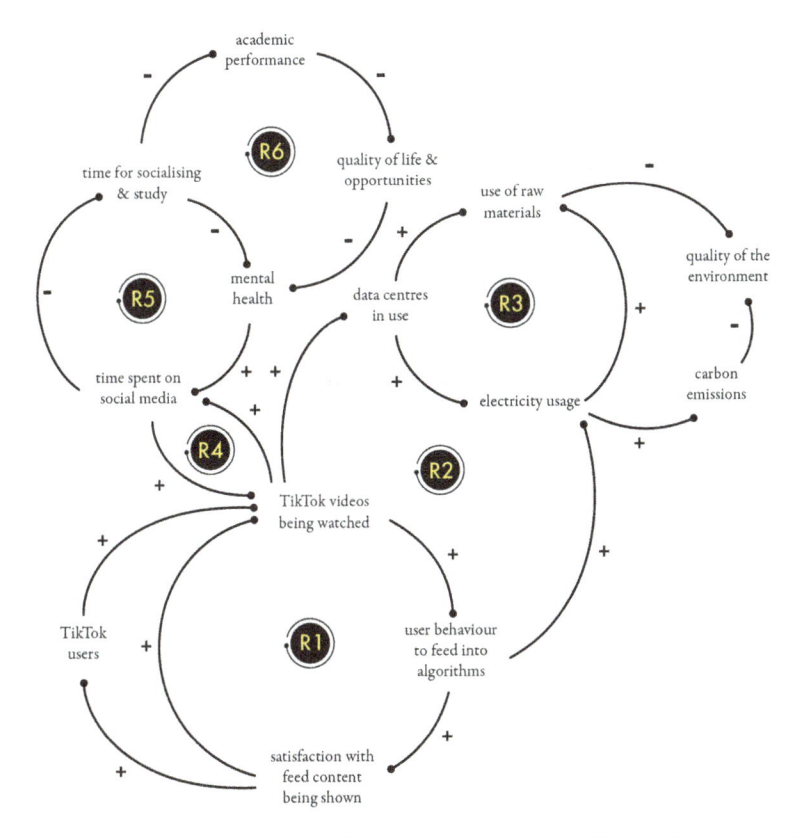

4 Werkzeuge und Praktiken im UX Design for Sustainability

Abb. 4.6 Die Systems Map von einem video-basierenden sozialen Netzwerk, wie etwa TikTok. (Quelle: Tomitsch und Baty 2023)

dar: Je mehr Zeit Nutzer*innen damit verbringen Videos anzusehen, desto weniger Zeit haben sie, um zu studieren und sich mit Freunden im Realraum zu treffen. Dieses Beispiel zeigt, wie die Erweiterung der Systems Map von der Kernfunktionalität andere Effekte aufdeckt. Dies sind die Effekte zweiter und dritter Ordnung, mit Auswirkungen sowohl auf einer sozialen als auch ökologischen Ebene. In dem Beispiel, hat etwa die Anzahl der Nutzer*innen und der angesehenen Videos eine Auswirkung auf die Energie, die notwendig ist, um die Server zu betreiben. Indem wir die Natur von Beziehungen aufzeigen, können wir besser verstehen, wie sich Komponenten gegenseitig beeinflussen und welche Auswirkungen eine Entscheidung, eine der Komponenten zu ändern, hat.

4.5.3 Personas

Prozessphasen: Insbesondere Kontext verstehen und beschreiben

Dimensionen:	Inhaltlich
Einflussnahme:	Direkt und indirekt
Rollenbilder	Insbesondere UX Management, User Research, UX Architektur, Accessibility, UX Writing

Personas wurden erstmals von Alan Cooper als hypothetische Archetypen eingeführt (Cooper 2004). Im Laufe der Zeit wurde das Werkzeug erweitert und eingesetzt, um nicht nur Nutzer*innen, sondern auch andere Interessengruppen zu erfassen. Personas helfen mit dem Synthetisieren und Interpretieren von User Research (Chang et al. 2008), Nutzerbedürfnisse innerhalb des Design Teams zu kommunizieren (Tomitsch et al. 2021a) und die Perspektive von Nutzer*innen und andere Interessengruppen während des gesamten Designprozesses im Vordergrund zu halten (Adlin und Pruitt 2010). Trotz der Kritik, dass sie beispielsweise als universelle Lösung für Probleme innerhalb des Designprozesses (Miaskiewicz und Kozar 2011) und für Probleme im Zusammenhang mit der Interpretation von Personas (Chapman und Milham 2006) angesehen werden, sind sie ein wirksames Werkzeug, um zu vermeiden, dass Designentscheidungen auf den persönlichen Einschätzungen und Biases von Designer*innen basieren (Tomitsch et al. 2021a) und um Empathie für die Benutzenden aufzubauen (Miaskiewicz et al. 2009). Das setzt allerdings voraus, dass Personas auf User Research Daten basieren und nicht auf reinen Hypothesen. Ist letzteres der Fall, so spricht man auch von Proto-Personas, die in der Praxis ebenfalls Verwendung finden. Sie basieren auf den Annahmen und dem aktuellen Wissensstand des Teams, was neben den Designer*innen auch andere Mitglieder einschließen kann. Der Vorteil ist, dass Proto-Personas relativ schnell erstellt werden können, allerdings ist es wichtig nicht zu vergessen, dass diese Personas nicht unbedingt die volle Realität darstellen.

Bezüglich Nachhaltigkeit bringen speziell zwei relativ neue Persona-Varianten wichtige Perspektiven für den Designprozess, die leicht übersehen werden können. Die Non-User Personas erfassen Gruppen, die über die Nutzer*innen hinausgehen. Wie in Kap. 3 erwähnt, beschränkt sich Nachhaltigkeit nicht nur auf die natürliche Umwelt, sondern umfasst auch die soziale Sichtweise und kommt mit der Verantwortung alle Gruppen zu berücksichtigen. Klassische Personas sind bereits für den Zweck vorgesehen, auch betroffene Personengruppen außerhalb des Kreises der (primären) Nutzenden zu betrachten. Eine Non-User Persona erweitert diesen Blick aber stark und betrachtet bewusst Gruppen und Minderheiten, die bislang keine Berücksichtigung fanden und möglicherweise benachteiligt sind (Lutz 2023). Die zweite Variante, Non-Human Personas, hilft, die Auswirkungen von Designentscheidungen auf nichtmenschliche Akteure sichtbar zu machen. Im einfachsten Falle kann eine Non-Human Persona als eine Proto-Persona erstellt werden. Selbst wenn die Darstellung lückenhaft ist, ist dieser Ansatz nützlich, um ein erstes Verständnis nichtmenschlicher Akteure zu erlangen. Falls möglich, können Experten*innen befragt werden oder Sekundärforschung betrieben werden, um Daten für die Erstellung einer Non-Human Persona zu sammeln.

4 Werkzeuge und Praktiken im UX Design for Sustainability

Tomitsch et al. (2021b) entwickelten ein Middle-Out Framework, welches die Involvierung von Experten und anderen Interessengruppen von Top-down sowie Bottom-up Organisationen umfasst. Das Ziel ist, eine Koalition von Repräsentanten zu gründen, welche danach in dem Designprozess im Namen der nichtmenschlichen Wesen sprechen können. Die Autoren demonstrierten den Ansatz durch ein Projekt, das das Design eines Smart Parklets umfasste. Das Projektteam identifizierte Opossums und Honigpapageien sowie verschiedene Pflanzenarten als nichtmenschliche Akteure und erfasste deren Bedürfnisse und Perspektiven mittels Non-Human Personas (Abb. 4.7). Dies wiederum beeinflusste dann Designentscheidungen – nicht nur die Form des Parklet sondern auch die technischen Spezifikationen. Zum Beispiel wurden kabellose Ladestationen entfernt, wegen der potenziellen Auswirkungen auf Papageien.

Name: Beans

Type/species: Brush-tailed possum

Age/Lifespan: 13 Years

Local Population: Estimated 30 million in Australia

Needs/motivations: It's getting harder for Beans to find a home to rest, and sources of food are being slowly replaced by a concrete landscape.

Challenges/stressors: Sometimes Beans is captured by humans and is transported to a location away from where he usually scavenges for food and resides. Being held in an enclosure while Beans is transported and being displaced causes great stress to him. Most of the time, Beans can find food he is familiar with, consuming flora and insects located in gardens and trees around his local area. Occasionally Beans encounters human food and eats it without knowing it may not be healthy for him; sometimes it makes him sick afterwards.

Interacts with the following: Other possums, humans and native flora

Habitat: Beans usually prefers a place high above the ground away from other species that might harm him. The current alternative to a tree to call home is finding small openings into the rooftops of human structures, where he can shelter. Beans does his best to stay out the way of other possums to avoid confrontation, as they are very territorial.

Descriptive narrative of behaviour: Beans is most active at night under the cover of darkness, searching for food. This nightly activity disrupts sleeping humans and this causes them to attempt to scare beans out of their roof or garden.

Abb. 4.7 Eine nichtmenschliche Opossum-Persona, die für die Gestaltung eines städtischen Parklets entwickelt wurde. (Quelle: Design Think Make Break Repeat o. D.)

4.5.4 Needs to Consequences Mapping

Prozessphasen: Insbesondere Kontext verstehen und beschreiben; aber auch Lösungen evaluieren
Dimensionen: Inhaltlich
Einflussnahme: Direkt und indirekt
Rollenbilder: Insbesondere UX Management, User Research, UX Architektur

Wie in diesem Buch bereits beschrieben, haben digitale Produkte immer Auswirkungen auf das umgebende System – oftmals negative. Ein wichtiges Ziel im Sinne von UX Design for Sustainability ist es, gerade die negativen Auswirkungen auf die Umgebung sichtbar zu machen und zu verstehen, um dann im weiteren Gestaltungsprozess ein Produkt zu erarbeiten, das möglichst viele der negativen Auswirkungen vermeidet oder zumindest verringert. Dabei ist es auch wichtig, diese im Kontext der User-Needs und ebenso der Business-Needs zu betrachten. Hier setzt das "Needs to Consequences Mapping" an. Die Methode ist hilfreich, um die negativen Auswirkungen eines Produkts zu ermitteln und sie mit den User- und Business-Needs in Verbindung zu setzen, um abwägen zu können, welche dieser Needs gegebenenfalls mehr Schäden verursachen als andere. Das wichtigste Ziel dieser Methode ist die Herstellung von Transparenz, um eine Grundlage dafür zu schaffen, im weiteren Gestaltungsprozess Nachhaltigkeitsaspekte in alle Entscheidungen mit aufzunehmen (Jonas 2023a).

Es ist für das Needs to Consequences Mapping hilfreich, wenn die wichtigsten User- und Business-Needs bereits erarbeitet sind. Diese werden dann im ersten Schritt in Kern- und Sekundär-Needs unterteilt und im Canvas abgebildet (siehe Abb. 4.8, untere Hälfte mit den Kern-Needs im inneren und den sekundären Needs im äußeren Kreis). Entscheidend ist hierbei nicht, dass jedes User- oder Business-Need abgebildet wird. Für ein gutes Ergebnis reicht es, die Kern-Needs, sowie die (wichtigsten) sekundären Needs zu berücksichtigen.

Im zweiten Schritt werden die negativen Konsequenzen des Produkts betrachtet (Abb. 4.8, obere Hälfte). Hier findet eine Unterteilung nach ökologischen, gesellschaftlich/sozialen, sowie Auswirkungen auf den einzelnen Menschen (z. B. gesundheitlich) statt. Außerdem werden die Konsequenzen nach direkten (innerer Kreis) und indirekten Auswirkungen (äußerer Kreis) unterteilt. Im dritten Schritt wird geschaut, welche negativen Konsequenzen mit welchen User- oder Business-Needs zusammenhängen (Abb. 4.8).

Es zeigt sich in der Anwendung, dass die Verbindung der negativen Auswirkungen eines Produkts mit den User- und Business-Needs eine wichtige zusätzliche Transparenz- und Verständnis-Ebene einbringt, da zu häufig die Nachhaltigkeit losgelöst von den Dingen, die UX-Designer*innen täglich verwenden, betrachtet wird. Außerdem können die Erkenntnisse aus dem Needs to Consequences Mapping im Folgenden dann zum Beispiel mit einer Sustainable User Journey Map verwendet werden.

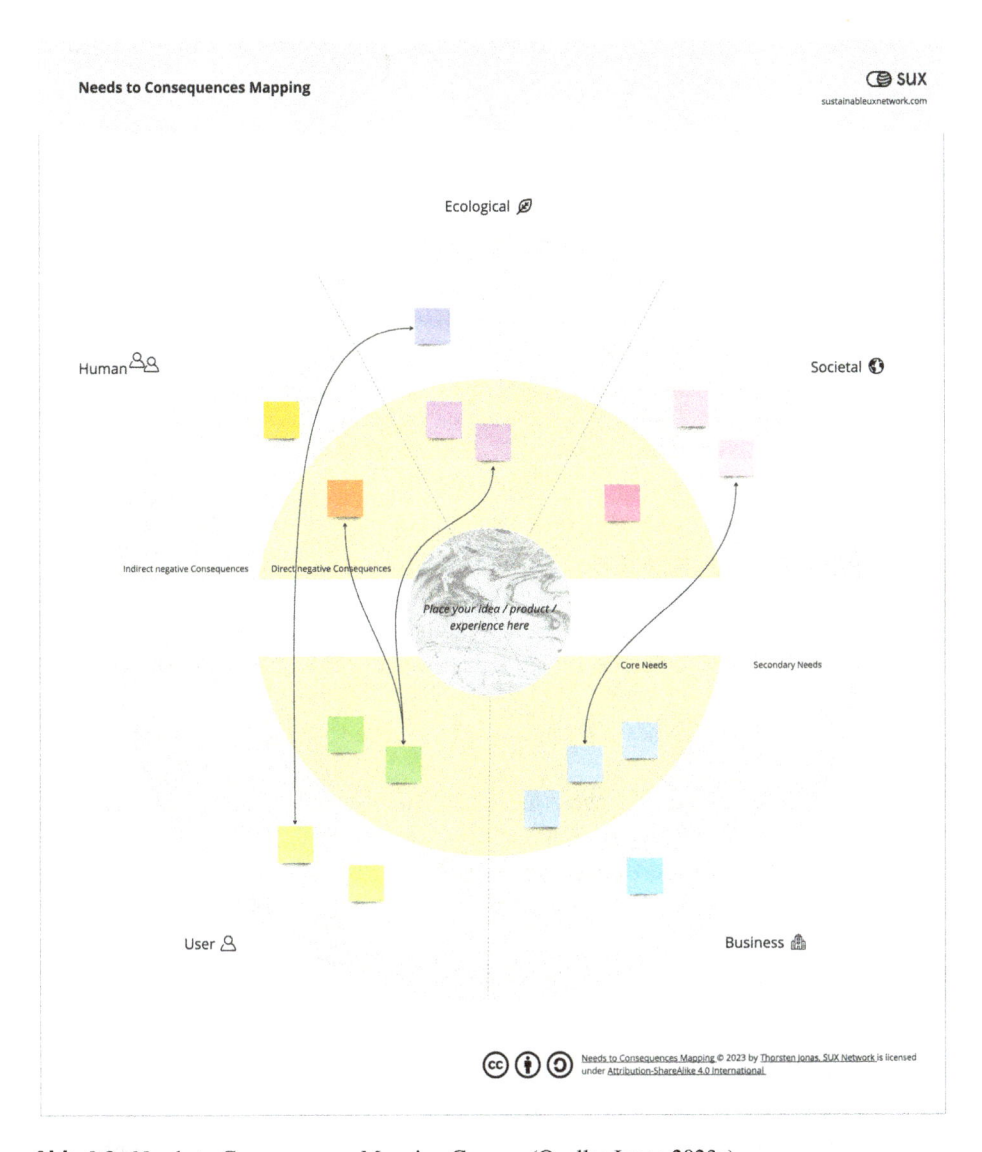

4 Werkzeuge und Praktiken im UX Design for Sustainability

Abb. 4.8 Needs to Consequences Mapping Canvas. (Quelle: Jonas 2023a)

4.5.5 Sustainable User Journey Mapping

Prozessphasen: Insbesondere Kontext verstehen und beschreiben
Dimensionen: Zeitlich und inhaltlich
Einflussnahme: Direkt und indirekt

Rollenbilder: Insbesondere UX Management, User Research, UX Architektur, Accessibility, UX Writing

User Journey Mapping ist eine visuelle oder grafische Darstellung der Gesamterfahrung, die eine Nutzerin oder ein Nutzer beim Interagieren mit einem Produkt oder Service durchläuft (Tomitsch et al. 2021a). Diese Methode dient dazu, die verschiedenen Schritte der Nutzenden – von dem ersten Kontakt mit einem Produkt oder Service bis zum Erreichen eines bestimmten Ziels (wie dem Kauf eines Produkts oder der Inanspruchnahme einer Dienstleistung) – aus der Perspektive der Nutzenden zu verstehen und abzubilden. Das Ziel des User Journey Mappings ist es, Einblicke in die Bedürfnisse, Schmerzpunkte, Emotionen und Momente der Wahrheit (entscheidende Interaktionspunkte, die die Zufriedenheit der Nutzenden wesentlich beeinflussen) zu gewinnen.

Das Problem im User Journey Mapping liegt darin, dass es sich ausschließlich auf die Nutzer*innen fokussiert und andere Effekte unberücksichtigt bleiben. Indem wir die User Journey um zusätzliche Ebenen erweitern, können wir dieses Problem beheben. Mithilfe dieser Erweiterung kann sie dann genutzt werden, um mögliche negative Einflüsse in jedem Schritt der User Journey detailliert zu erfassen und zielgerichtet Ideen zu entwickeln, um diese zu vermeiden oder zumindest zu verringern. Es gibt verschiedene Varianten dieser Methode. Hier wird der Ansatz des SUX Networks (Jonas 2023b) beschrieben.

Dabei wird die User Journey um folgende Ebene erweitert:

1. Andere Akteure: Welche Akteure (menschlich und nichtmenschlich) werden durch diesen Schritt in der Journey beeinflusst?
2. Negative Einflüsse auf die Umwelt (direkt und indirekt)
3. Negative Einflüsse auf die Gesellschaft und/oder andere Menschen (direkt und indirekt)
4. Optional: Negative Einflüsse auf die Gesundheit der Nutzerin/des Nutzers
5. Ideen für Lösungen

Je nach Bedarf werden einige oder alle dieser Ebenen der User Journey hinzugefügt. Es kann zum Beispiel Sinn machen, die vierte Ebene herauszulassen. Für die Ebenen 2–4 empfiehlt es sich, eine einfache Bewertung der gefundenen Impacts vorzunehmen (1 = großer negativer Impact … 3 = kleiner negativer Impact) (Abb. 4.9).

Die Sustainable User Journey Map ermöglicht es, alle negativen Impacts, die während der Journey auftreten, transparent zu machen. Gegebenenfalls können auch hier bereits erste Ideen entwickelt werden, als Vorschläge für die Vermeidung oder Verminderung dieser negativen Auswirkungen. Ziel ist es, im Nachgang die gefundenen Impacts (und gegebenenfalls Lösungsansätze) evaluieren zu können und zu entscheiden, ob alle, und wenn nicht welche, umgesetzt werden könnten. Dies kann zum Beispiel mit einer Impact-Effort Matrix erfolgen (Gray 2010).

Sustainable User-Journey Map

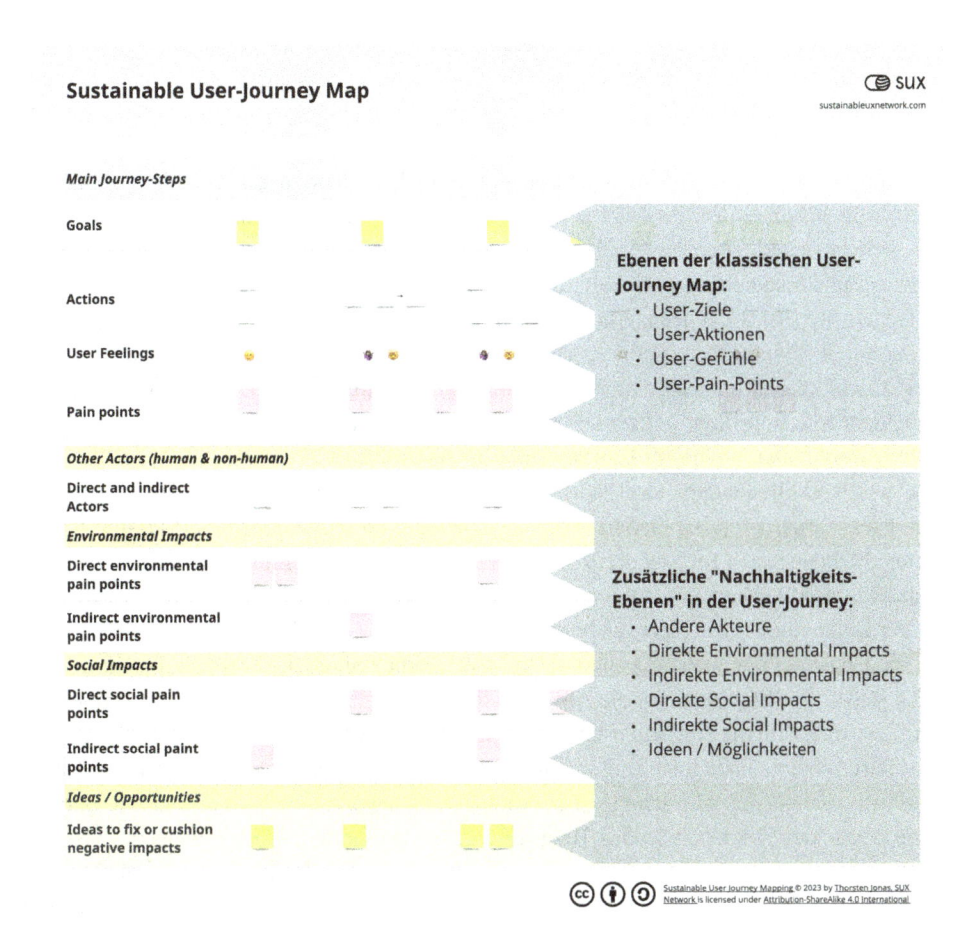

Ebenen der klassischen User-Journey Map:
- User-Ziele
- User-Aktionen
- User-Gefühle
- User-Pain-Points

Zusätzliche "Nachhaltigkeits-Ebenen" in der User-Journey:
- Andere Akteure
- Direkte Environmental Impacts
- Indirekte Environmental Impacts
- Direkte Social Impacts
- Indirekte Social Impacts
- Ideen / Möglichkeiten

Abb. 4.9 Die fünf Ebenen im erweiterten Sustainable User Journey Mapping Prozess. (Quelle: Jonas 2023b)

4.5.6 Behavioral Impact Canvas

Prozessphasen: Insbesondere Lösungen gestalten; aber auch: Kontext verstehen und beschreiben
Dimensionen: Zeitlich und inhaltlich
Einflussnahme: Direkt und indirekt
Rollenbilder: Insbesondere UX Management, User Research, UX Architektur, Accessibility, UX Writing

Die Entscheidungen und das Verhalten von Verbraucher*innen und Nutzer*innen haben einen enormen Einfluss auf die natürliche und soziale Welt (Thøgersen 2005). Ein gutes

Beispiel hierfür ist das Konsumverhalten. Jede Kaufentscheidung kann weitreichende Auswirkungen haben – sei es auf die Umwelt, die Gesellschaft oder sogar auf das menschliche Wohlbefinden. Leider sind viele dieser Auswirkungen negativ – von Umweltverschmutzung, über soziale Ungerechtigkeit bis hin zu Gesundheitsproblemen. Doch es gibt auch positives Potenzial: Durch bewusste Entscheidungen, wie dem Kauf von nachhaltig hergestellten Produkten, Second Hand Alternativen oder die Unterstützung von umweltfreundlichen Unternehmen, können wir aktiv dazu beitragen, die Umwelt zu schützen und soziale Gerechtigkeit zu fördern.

Genau hier setzt der Behavioral Impact Canvas an. Dieses Instrument wurde entwickelt, um in einem strukturierten Vorgehen das menschliche Verhalten zu analysieren und anschließend für positive Veränderungen zu transformieren (Clasen 2023a). In verschiedenen Schritten betrachtet es zuerst genau die Ist-Situation, um ausgehend davon anschließend eine Zukunftsvision zu entwickeln. Mit dieser Teilung in Analyse und anschließendem Design (hier innerhalb der Transformation) ist der Canvas, zumindest in der grundsätzlichen Struktur, angelehnt am Human-centered Design (International Organization for Standardization 2019a) und ähnelt Gestaltungsansätzen wie dem Scenario-based Design (Rosson und Carroll 2002).

Der Behavioral Impact Canvas beginnt also mit einer gründlichen Analyse (Step 1), bei der die Ursachen des Verhaltens und dessen Auswirkungen auf die Welt untersucht werden (Abb. 4.10). Der Startpunkt ist die Auseinandersetzung mit der Problematik. Anschließend wird das menschliche Verhalten beschrieben, das mit dem Problem in Verbindung steht bzw. dafür verantwortlich ist. Im nächsten Schritt wird die (interne) Motivation beleuchtet: Warum verhalten sich Menschen so? Hierbei sollten bewusst auch psychologische Bedürfnisse betrachtet werden, wie das Bedürfnis nach Autonomie, Kompetenz oder sozialer Eingebundenheit. Denn sie spielen eine wichtige Rolle im Zusammenhang mit Motivation (Ryan & Deci, 2000). Zuletzt beschäftigen sich die Anwender*innen des Canvas mit externen Faktoren, die das Verhalten ermöglichen, verstärken oder unterstützen.

Dann folgt die Transformation (Step 2), in der neue Verhaltensweisen entwickelt werden, die dazu beitragen, die analysierten Probleme anzugehen (Abb. 4.11). Der Startpunkt dieser Phase ist die Betrachtung wünschenswerter menschlicher Verhaltensweisen, die zu einer Verbesserung des ausgewählten und analysierten Problems führen könnten. Ähnlich wie in der Analyse-Phase werden daraufhin zunächst die internen Faktoren beleuchtet (was motiviert zu dieser Handlung?) und dann die externen Faktoren, wie Trends oder andere Möglichkeiten, welche das erwünschte Verhalten unterstützen könnten. Der Transformations-Schritt endet mit einer Ideation-Phase: Die Anwender*innen sammeln erste Ideen für Lösungen, wobei es sich hier sowohl um konkrete Ideen für Funktionen handeln kann, als auch um generelle Konzepte oder Ansätze.

In der Anwendung des Werkzeugs (Tomitsch et al. 2024) bestätigten sich einige der Empfehlungen, die dem Behavioral Impact Canvas beiliegen, wie:

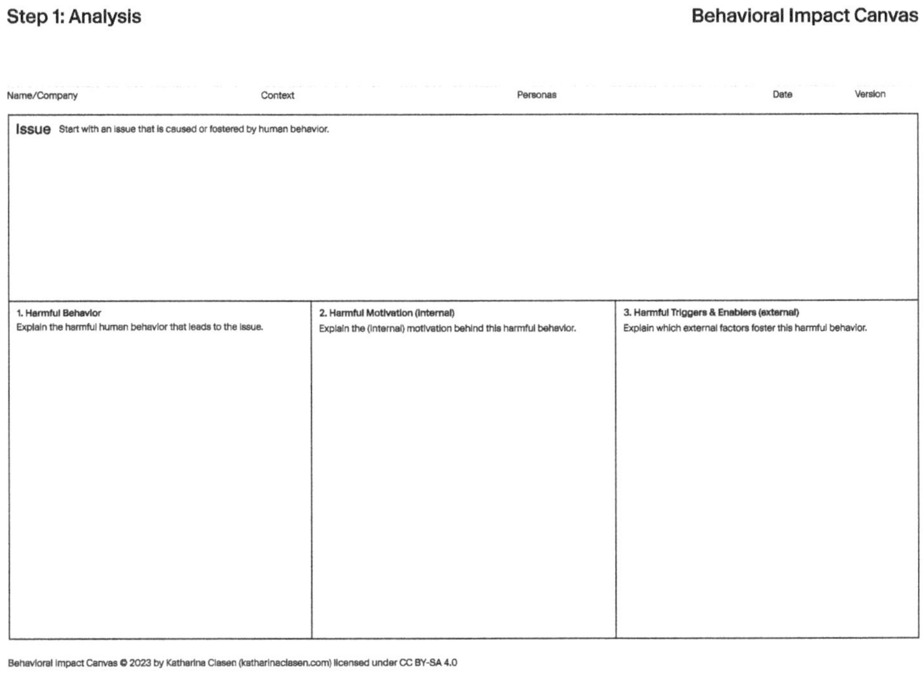

Step 1: Analysis — Behavioral Impact Canvas

| Name/Company | Context | Personas | Date | Version |

Issue Start with an issue that is caused or fostered by human behavior.

1. Harmful Behavior
Explain the harmful human behavior that leads to the issue.

2. Harmful Motivation (internal)
Explain the (internal) motivation behind this harmful behavior.

3. Harmful Triggers & Enablers (external)
Explain which external factors foster this harmful behavior.

Behavioral Impact Canvas © 2023 by Katharina Clasen (katharinaclasen.com) licensed under CC BY-SA 4.0

Abb. 4.10 Die Vorlage für die erste Phase des Behavioral Impact Canvas: Analyse. (Quelle: Clasen 2023a)

- Das Werkzeug auf Forschungsergebnissen basierend anzuwenden und Verhaltensweisen oder die zugrunde liegende Motivation nicht allein auf Hypothesen zu stützen.
- Vorbereitend weitere Werkzeuge, wie das Systems Mapping, einzusetzen, um eine Basis zu schaffen.
- Das Werkzeug in einer möglichst diversen Gruppe zu nutzen, um verschiedene Perspektiven einzubringen und durch den Austausch neue Gedanken und Ideen anzuregen.

Darüber hinaus kann es hilfreich sein, das Werkzeug auch anschließend mit anderen Tools zu kombinieren, wie dem Impact Ripple Canvas (Tomitsch et al. 2021a), um mögliche direkte und indirekte Konsequenzen der antizipierten Lösung bzw. Lösungsideen zu prüfen.

Es ist anzunehmen, dass sich ein iteratives Vorgehen – wie im Human-centered Design üblich (International Organization for Standardization 2019a) – und somit eine Mehrfachanwendung und Erweiterung des Canvas als nützlich erweisen könnte. So könnte z. B. die Lösung immer weiter verfeinert werden, oder das Werkzeug könnte immer wieder eingesetzt werden, um den neu gewonnen Informationen in der Analysephase Berücksichtigung zu geben.

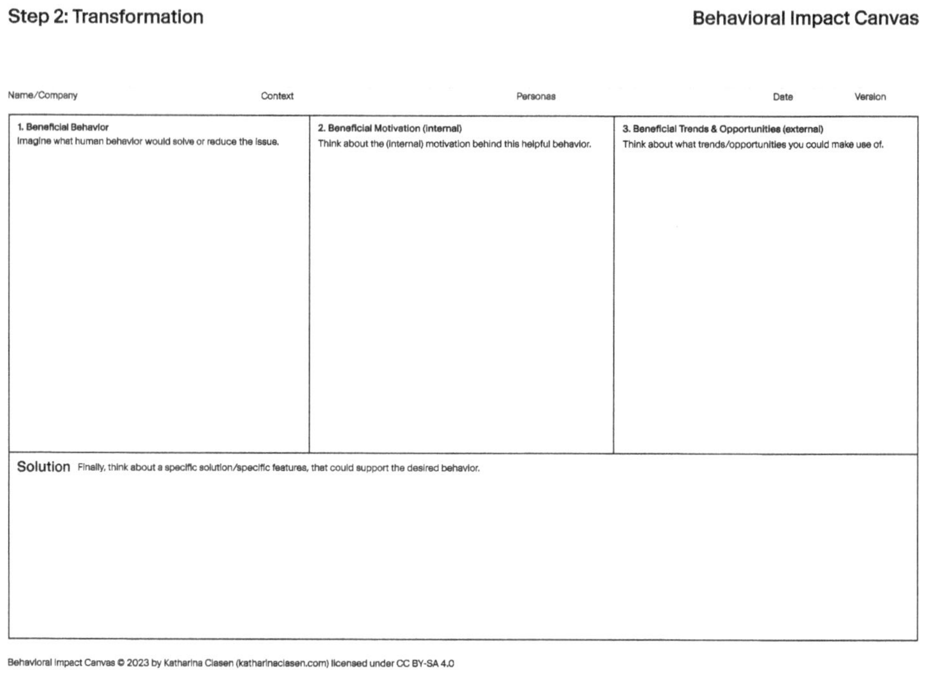

Abb. 4.11 Die Vorlage für die zweite Phase des Behavioral Impact Canvas: Transformation. (Quelle: Clasen 2023a)

4.6 Praktiken im Detail

Praktiken sind hilfreich als generelle Ansätze und um Projekte in eine bestimmte Richtung zu steuern. Sie können mit der Verwendung von Werkzeugen verbunden werden, aber auch unabhängig von Werkzeugen in den Gestaltungsprozess eingebracht werden. Die Verwendung eines iterativen Prozesses ist, zum Beispiel, eine weit verbreitete Praktik aus dem Human-centered Design. Dieser Abschnitt stellt drei Praktiken vor, die die Berücksichtigung von Nachhaltigkeit im UX Design unterstützen.

Jede der hier beschriebenen Praktiken wird, ebenso wie in Kapitel 4.5, nach den folgenden Kriterien kategorisiert:

- **Prozess Phas(en)** im Design-Prozess laut Tab. 4.1
- Erweiterung der zeitlichen und/oder inhaltlichen **Dimension**
- Ermöglichung einer direkten und/oder indirekten **Einflussnahme**
- Relevanz für bestimmte **Rollenbilder** laut Abschn. 3.1

4.6.1 Ressourcenschonendes Design

Prozessphasen: Insbesondere Lösungen gestalten; aber auch Lösungen evaluieren
Dimensionen: Zeitlich und inhaltlich
Einflussnahme: Direkt
Rollenbilder: Insbesondere UX Architektur, UI Design, UI Development, Accessibility

Auch in der konkreten Informationsarchitektur und im UI Design kann auf den Ressourcenverbrauch eines digitalen Produkts Einfluss genommen werden. Generell lässt sich vereinfachend feststellen: weniger Daten, die gespeichert und übertragen werden müssen, führen zu weniger Serverauslastung, was zu einer besseren Klima- und Ressourcen-Bilanz des digitalen Produkts führt. Es werden weniger CO_2-Emissionen erzeugt (Greenwood 2021) und ebenso weniger Frischwasser zur Kühlung der Server benötigt (Farfan und Lohrmann 2023). Außerdem kann indirekt Einfluss genommen werden, indem digitale Produkte gebaut werden, die auf möglichst vielen, auch älteren Geräten lauffähig sind, da so dazu beigetragen wird, dass Menschen ihre Geräte länger benutzen können. Die Produktion der Endgeräte (Smartphones, Computer, Tablets, etc.), auf denen Softwareanwendungen genutzt werden, bedingt einen erheblichen Teil des Umwelteinflusses: Rohstoffe (u. a. Seltene Erden), die abgebaut werden müssen, Aufwände für Produktion und Transport – wo meist CO_2 anfällt – und etliches mehr. Je länger Menschen ihre Geräte nutzen, desto geringer der Einfluss bedingt durch neue Geräte, die produziert werden müssen. Um ein Beispiel hierfür zu nennen: 83 % der CO_2 Emissionen eines iPhone 11 fallen in Herstellung, Transport und Entsorgung an (Greenwood 2021).

Es gibt viele Techniken und Methoden, die angewandt werden können, um Websites und andere digitale Produkte nachhaltiger zu gestalten. Im Folgenden werden einige Kern-Techniken und Methoden beschrieben.

Kürzere User-Journeys:
Bessere UX und Nachhaltigkeit gehen hier Hand in Hand. Eine kürzere User Journey ist fast immer besser für die Nutzenden (es dürfen natürlich keine essentiellen Schritte ausgelassen werden) und bedeutet ebenso fast immer, dass beispielsweise im Falle einer Website weniger Seiten aufgerufen und/oder weniger Daten geladen werden müssen. Indem User Journeys verkürzt werden, wird direkt zur Reduktion der CO_2-Emissionen des digitalen Produkts beigetragen (Dawson und Frick 2023).

Elemente:
Durch Entscheidungen für die Verwendungen bestimmter Medien und Inhalte nehmen wir ebenfalls direkten Einfluss auf die Menge an Daten, die übertragen und gespeichert werden müssen. Es sollte sehr genau abgewägt werden, welche Medien und Inhalte verwendet

werden, indem bewertet wird, wie "datenschwer" sie sind, ob sie von den Nutzer*innen wirklich genutzt werden und wie viel Mehrwert sie bieten.

- Beispiel 1: Carousels sind nach wie vor ein gerne verwendetes Element auf Websites. Technisch betrachtet werden zumeist alle Daten/Bilder, die im Carousel verwendet werden, vorgeladen. Gleichzeitig aber zeigen Zahlen, dass sich die meisten Website Besucher*innen nicht durch ein Carousel klicken (Runyon 2013). Es werden also Daten vorgeladen, die gar nicht gesehen bzw. generell genutzt werden.
- Beispiel 2: Hero-Section Videos werden auf Websites oft verwendet, um Aufmerksamkeit und Interesse zu wecken. Dafür muss allerdings stets das Video geladen werden und der Energieverbrauch des abspielenden Gerätes steigt. Zunächst sollte also die Frage gestellt werden, ob das Video wirklich notwendig ist, um die beabsichtigte Information zu transportieren. Ganz generell kann bei der Verwendung von Videos auf Websites empfohlen werden, auf Autoplay-Funktionalitäten zu verzichten. Damit kann erreicht werden, dass das Video erst geladen wird, wenn die Besucherin oder der Besucher es auch ansehen möchte (Dawson und Frick 2023).

Bilder:
Bei der Verwendung von Medien-Assets besteht großes Nachhaltigkeitspotenzial durch die Wahl von effizienten Dateiformaten. Im Web ermöglicht die Verwendung des WebP Formats gegenüber JPEG ein durchschnittliches Einsparpotenzial von 30 % – ohne Qualitätsverlust (Greenwood 2019). Ein anderer Ansatz ist, Bilder erst anzuzeigen und somit auch zu laden, wenn die Besuchenden der Website die Absicht zeigen, das Bild sehen zu wollen. Das kann unter anderem auf Basis von User-Interaktion, zum Beispiel mit Hilfe eines Call-to-Action mit "Bild anzeigen" erfolgen. Eine andere Möglichkeit ist, Bilder automatisch erst zu laden und anzuzeigen, wenn die Besucher*innen der Seite sie auch sehen können, also basierend auf dem Viewport (= sichtbarer Bereich). Zuletzt können Bilder auch z. B. durch Vorschau-Vektorgrafiken ersetzt werden und erst basierend auf dem Navigationsverhalten geladen und angezeigt werden, zum Beispiel, wenn die Detailseite eines Artikels aufgerufen und damit Interesse daran ausgedrückt wird. Das setzt natürlich voraus, dass die Vektorgrafik kleiner (bezogen auf ihre Dateigröße) ist, als das zu ersetzende Bild.

Farben:
Auf modernen OLED-Displays hat die Farbauswahl einen direkten Einfluss auf den Energieverbrauch des Displays. Auf einem OLED-Display kann z. B. die Verwendung des Darkmodes im Vergleich zum Lightmode 39–47 % Energie sparen (Andersen 2023). Dieser Energiespareffekt kommt zustande, weil bei OLED-Displays die einzelnen Pixel selbst leuchten und keine permanente Hintergrundbeleuchtung vorhanden ist, wie es zum Beispiel bei LCD-Displays der Fall ist. Folglich können bei dunkleren Farben die entsprechenden Pixel weniger stark leuchten – bei einem reinen Schwarz können sie sogar

komplett ausgeschaltet werden. Hierbei ist jedoch auch zu beachten, dass die Verwendung des Darkmodes, je nachdem wie er eingesetzt wird, zu einer schlechteren Lesbarkeit führen kann. Das liegt unter anderem daran, dass helle Schrift auf dunklem Grund schlechter lesbar sein kann – vor allem für Menschen mit Astigmatismus (Locke 2020).

▶ Neben dieser Auswahl an Techniken empfiehlt es sich z. B. für Webanwendungen die Web Sustainability Guidelines zu Rate zu ziehen. Dort findet sich ein eigenes Kapitel zum Thema UX (Dawson und Frick 2023).

4.6.2 Positive Nudging und Sustainable Defaults

Prozessphasen: Insbesondere Lösungen gestalten; aber auch: Lösungen evaluieren
Dimensionen: Inhaltlich
Einflussnahme: Indirekt
Rollenbilder: Insbesondere UX Architektur, UI Design, Accessibility, UX Writing

Durch gezielte Maßnahmen in der Informationsarchitektur können Entscheidungen von Nutzenden beeinflusst werden. Man spricht hierbei von Nudging (Mirsch et al. 2017; Weinmann et al. 2016), welches zunächst als neutral zu betrachten ist. Im Diskurs zum digitalen Design begegnet man Nudging oft in Form sogenannter "Deceptive Patterns", was dazu führt, dass Nudging eher negativ gesehen wird. Deceptive Patterns verleiten Nutzer*innen dazu, Entscheidungen nicht zum eigenen Besten zu treffen, sondern im Sinne des jeweiligen Unternehmens (zum Beispiel das teurere Produkt zu erwerben) (Mejtoft et al. 2021). Der Mechanismus des Nudgings kann aber ebenso "positiv" genutzt werden, also im Sinne der Nachhaltigkeit, ohne dabei invasiv und manipulativ zu sein (Lehner et al. 2016).

Eine sehr einfach umsetzbare Methode ist die Verwendung von sogenannten "Sustainable Defaults": Bei jeder Auswahlmöglichkeit für die Nutzenden wird als voreingestellter "Standard" die nachhaltigste Option angeboten. Die Nutzer*innen haben die freie Wahl, würden aber ohne aktives Eingreifen automatisch die nachhaltigste Option wählen.

Zum Beispiel:

Im Bestellprozess eines Online-Shops haben die Nutzenden irgendwann die Möglichkeit zu entscheiden, wie die Ware geliefert werden soll. Hier gibt es bereits heute in vielen Shops die Option zu wählen, ob die Ware an die Haustür oder in das nächste Hub des jeweiligen Versanddienstleisters geliefert werden soll. Die noch immer weit verbreitete Standardeinstellung (der Default) ist hier die Lieferung an die Haustür. Indem hier als Default-Option stattdessen die Lieferung an das nächste Hub angeboten wird, kann direkt dazu beigetragen werden, dass mehr Pakete an die jeweils nächsten Hubs anstatt an die Haustür geliefert werden. Dadurch können Fahrkilometer und die damit unter Umständen einhergehenden Emissionen gespart werden. Es ist aber wichtig anzumerken, dass dieses

Beispiel vornehmlich für Lieferung in Großstädten und Ballungsgebieten gilt, in denen das nächste Hub von den Empfangenden zu Fuß, mit den öffentlichen Verkehrsmitteln oder per Rad erreicht werden kann. Sobald das Paket vom Hub per Auto abgeholt wird, ist der ökologische Vorteil nicht mehr vorhanden. Es sei denn, die Fahrt hätte ohnehin stattgefunden, zum Beispiel für einen Einkauf zum Supermarkt in unmittelbarer Nähe des Hubs.

4.6.3 Accessibility und Inclusive Design

Prozessphasen: Insbesondere Lösungen gestalten; aber auch Lösungen evaluieren
Dimensionen: Inhaltlich
Wirkungsräume: Direkt
Rollenbilder: Insbesondere Accessibility, UX Architektur, UI Design, UX Management, UX Writing

Auch die beiden Felder Accessibility und Inclusive Design stehen direkt mit Nachhaltigkeit in Verbindung (abgedeckt durch SDG 5 – Gender Equality und SDG 10 – Reduced Inequalities). Hierbei ist es wichtig, alle Aspekte zu berücksichtigen. Ein nachhaltiges digitales Produkt ist inklusiv und schließt Menschen mit Einschränkungen nicht aus. Zum Thema Accessibility (= Barrierefreiheit) gibt es reichhaltige Literatur und der Versuch, das Thema hier ausreichend zu behandeln, würde den Rahmen sprengen. Deswegen sei hier auf die Web Content Accessibility Guidelines (WCAG) verwiesen, die einen guten Einblick in die wichtigsten Aspekte von Barrierefreiheit geben (Kirkpatrick et al. 2023). Darüber hinaus ist es ebenso wichtig, gleichberechtigt für alle Geschlechter und Geschlechtsidentitäten zu gestalten. Caroline Criado-Perez beschreibt in ihrem Buch "Invisible Women", wie unsere heutige Daten-basierte Welt vornehmlich von Männern und für Männer gestaltet ist. Sie ignoriert unter anderem die Unterschiede zwischen den Geschlechtern und orientiert sich vorrangig an maskulin-basierten Zahlen (Criado-Perez 2019). Um dies in von UX Designer*innen gestalteten Produkten zu vermeiden, empfiehlt es sich besonders darauf zu achten, die Bedürfnisse verschiedener Geschlechter bzw. Geschlechtsidentitäten stets gesondert zu betrachten. Konkret sollte das zum Beispiel bei der Verwendung von Personas (.3) geschehen. Das bedeutet, dass diese aus der Perspektive der verschiedenen Geschlechtsidentitäten betrachtet und, wenn nötig, für die Geschlechtsidentitäten separat erstellt werden sollten. Dies gilt auch für andere Werkzeuge, die konkret an oder mit den Nutzenden arbeiten, wie z. B. auch User Journeys (Abschn. 4.5.5).

4.7 Akzeptanz in der Praxis erreichen

Eine oft zitierte Barriere zur Integration von Nachhaltigkeit in Gestaltungsprojekten ist die Akzeptanz und Unterstützung vom Arbeitgeber oder Kunden. Die Umfrage von der German UPA beschrieben in Kap. 2 zeigte, dass es an dem Mindset und an entsprechenden KPIs fehlt und dass für viele Firmen nach wie vor Profit an höchster Stelle steht. Bei der Frage nach konkreten Herausforderungen verwiesen 40 % der Teilnehmenden auf fehlende Akzeptanz und Unterstützung des Arbeitgebers. Weiterhin fand die Umfrage, dass es für Kunden nicht immer nachvollziehbar ist, warum Nachhaltigkeit ein Mehrwert ist.

Die Werkzeuge und Praktiken sind ein erster Schritt, um diese Barrieren zu überkommen. Etwa können relevante Interessengruppen in der Erstellung einer Systems Map (Abschn. 4.5.2) involviert werden und dadurch ein besseres Verständnis von direkten und indirekten Einflüssen und deren Auswirkung auf die Organisation und ihre Tätigkeit erlangt werden. Eine Sustainable User Journey (Abschn. 4.5.5) könnte um die zeitliche Dimension erweitert werden um Kunden*innen zu zeigen, wie sich die Berücksichtigung von Nachhaltigkeit langfristig positiv auf die Experience und Zufriedenheit von Nutzer*innen auswirkt. In dem Sinne, sieht das UK Design Council Design als ein "Core Green Skill" und argumentiert für die Rolle von Designer*innen in der Sustainability Transition (UK Design Council 2024).

Für Unternehmen bietet das Investieren in UX Design for Sustainability eine vielversprechende Möglichkeit um die Beziehung zu Verbraucher*innen und auch Mitarbeiter*innen zu stärken, was sich wiederum positiv auf Erfolg und Produktivität im Markt ausdrücken kann. Studien zeigen, dass 76 % der Verbraucher*innen dazu tendieren, nicht für Produkte oder Dienstleistungen von Unternehmen zu zahlen, die sich gegenüber der Umwelt, den Mitarbeiter*innen oder der Gemeinschaft, in der sie tätig sind, schlecht verhalten (PwC 2021). Fast zwei Drittel der Verbraucher*innen stimmen zu, dass Unternehmen eine Verantwortung für den Umweltschutz haben (Beeson 2022). Zwei von drei Arbeitnehmer*innen in der UK und drei von vier in den US bevorzugen es, für ein Unternehmen zu arbeiten, das einen positiven Einfluss auf die Welt hat (Polman 2023). Die gleiche Studie fand, dass für 77 % der Angehörigen der Generation Z und der Millennials das Engagement des Unternehmens für die Umwelt einen wichtigen Gesichtspunkt bei der Jobsuche darstellt.

Eine der Herausforderungen für Designer*innen, die für nachhaltige Ansätze argumentieren, ist der Mangel an spezifischen Fallstudien, die den ROI (Return of Investment) klar belegen. Es ist jedoch zu erwarten, dass relevante Studien und unterstützende Daten in den nächsten Jahren publiziert werden, da immer mehr Organisationen beginnen, nachhaltige Praktiken zu übernehmen und umzusetzen. Zum Beispiel berichtet eine Studie, dass für 70 % der 889 untersuchten Unternehmen die Berücksichtigung von Nachhaltigkeit im Produktdesign zu einer Steigerung in der Kundenzufriedenheit führte (Capgemini

Research Institute 2022). Dies schlägt sich positiv auf die Unternehmensleistung aus – 73 % der Unternehmen verzeichneten höhere Umsatzwachstumsraten. Zusätzlich zum Bezug auf Fallstudien kann ein effektiver Ansatz darin bestehen, bei der Argumentation für Nachhaltigkeit auf bestehende Vorschriften und Rahmenbedingungen (erörtert in Kap. 3) zurückzugreifen, wie zum Beispiel das Reporting von Unternehmenstätigkeiten im Hinblick auf die SDGs.

Literatur

Acaroglu, L. (2017). Tools for Systems Thinkers: Systems Mapping. UX Collective. https://medium.com/disruptive-design/tools-for-systems-thinkers-systems-mapping-2db5cf30ab3a.

Adlin, T., & Pruitt, J. (2010). The essential persona lifecycle: Your guide to building and using personas. Morgan Kaufmann.

Andersen, M. (2023). Sustainable Web Design in 20 Lessons. Self Published.

Beeson, M. (2022). European Consumers Drive the Sustainability Demand. Forrester, March 16, 2022. https://www.forrester.com/blogs/european-consumers-drive-the-sustainability-demand/.

Bruckschwaiger, C., & Lutsch, C. (2023). Nachhaltigkeit früh greifbar machen – der Sustainability Strategy Canvas. Wirtsch Inform Manag 15, 117–122. https://doi.org/10.1365/s35764-023-00461-7.

Capgemini Research Institute (2022). Rethink: Why sustainable product design is the need of the hour. Capgemini Research Institute.

Chang, Y. N., Lim, Y. K., & Stolterman, E. (2008, October). Personas: from theory to practices. In Proceedings of the 5th Nordic conference on Human-computer interaction: building bridges (pp. 439–442).

Chapman, C. N., & Milham, R. P. (2006, October). The personas' new clothes: methodological and practical arguments against a popular method. In Proceedings of the human factors and ergonomics society annual meeting (Vol. 50, No. 5, pp. 634–636). Sage CA: Los Angeles, CA: SAGE Publications.

Clasen, K. (2023a). Behavioral Impact Canvas. Katharina Clasen. https://katharinaclasen.com/projects/behavioral-impact-canvas.

Clasen, K. (2023b, März 13). *7 Opportunities for a Shift Towards Life-centered Design*. Katharina Clasen. https://katharinaclasen.com/blog/7-opportunities-for-a-shift-towards-life-centered-design.

Cooper, A. (2004). Inmates Are Running the Asylum, The: Why High Tech Products Drive Us Crazy and How to Restore the Sanity (2nd ed.). Sams Publishing.

Criado-Perez, C. (2019). Invisible Women: Data Bias in a World Designed for Men. Abrams Press.

Dawson, A., & Frick, T. (2023). UX Design Chapter in the Web Sustainability Guidelines. https://w3c.github.io/sustyweb/.

Design Think Make Break Repeat (o. D.). Non-Human Personas. https://designthinkmakebreakrepeat.com/toolkit/non-human-personas/, abgerufen 23.04.2024.

El-Rashid, F., Gossner, T., Kappeler, T., & Ruiz-Peris, M. (2021). A life-centred design approach to innovation: Space Vulture, a conceptual circular system to create value from space debris. Proc. 8th European Conference on Space Debris.

Farfan, J., & Lohrmann, A. (2023). Gone with the clouds: Estimating the electricity and water footprint of digital data services in Europe. Energy Conversion and Management, 290, 117225.

Frick, T. (2016). Designing for Sustainability: A Guide to Building Greener Digital Products and Services. O'Reilly Media.

Gall, T., Vallet, F., Douzou, S., & Yannou, B. (2021). Re-defining the system boundaries of human-centred design. Proceedings of the Design Society, 1, 2521–2530.

Giacomin, J. (2015). What Is Human Centred Design? The Design Journal, 17(4), 606–623.

Gray, D. (2010), Impact & Effort Matrix, https://gamestorming.com/impact-effort-matrix-2/, abgerufen 19.04.2024.

Greenwood, T. (2019). How to set a Page Weight Budget for a greener, faster website. https://www.wholegraindigital.com/blog/how-to-page-weight-budget/, abgerufen am 19.04.2024.

Greenwood, T. (2021). Sustainable Webdesign. a Book Apart.

International Organization for Standardization (2019a). Ergonomics of human-system interaction – Part 210: Human-centred design for interactive systems (ISO Standard No. 9241–210:2019).

International Organization for Standardization (2019b). Guidelines for addressing sustainability in standards (ISO GUIDE No. 82:2019).

Jonas, T. (2023a). Needs to Consequences Mapping. Thorsten Jonas. https://thorstenjonas.com/needs-to-consequences-mapping/

Jonas, T. (2023b). Sustainable User Journey. Thorsten Jonas. https://thorstenjonas.com/sustainable-user-journey-mapping/.

Joyce, A., & Paquin, R. L. (2016). The triple layered business model canvas: A tool to design more sustainable business models. Journal of cleaner production, 135, 1474–1486.

Kirkpatrick, Connor, J.O., Campbell, A. & Cooper, M. (2023). Web Content Accessibility Guidelines (WCAG) 2.1. https://www.w3.org/TR/WCAG21/.

Lehner, M., Mont, O., & Heiskanen, E. (2016). Nudging–A promising tool for sustainable consumption behaviour?. Journal of cleaner production, 134, 166–177.

Locke, H. (2020). Why ‚dark mode' causes more accessibility issues than it solves. https://medium.com/@h_locke/why-dark-mode-causes-more-accessibility-issues-than-it-solves-d2f8359bb46a.

Lutz, D. (2022). Non-human and non-user personas for life-centred design. UX Collective. https://uxdesign.cc/non-human-and-non-user-personas-for-life-centred-design-c34d5ddb78f.

Lutz, D. (2023). The Non-Human Persona Guide: How to create and use personas for nature and invisible humans to respect their needs during design. Self-Published.

Maguire, M. (2001). Methods to support human-centred design. International Journal of Human-Computer Studies, 55(4), 587–634.

Mejtoft, T., Frängsmyr, E., Söderström, U., & Norberg, O. (2021). Deceptive design: cookie consent and manipulative patterns. In Proceedings of 34th Bled eConference, 397–408.

Miaskiewicz, T., & Kozar, K. A. (2011). Personas and user-centered design: How can personas benefit product design processes?. Design studies, 32(5), 417–430.

Miaskiewicz, T., Grant, S. J., & Kozar, K. A. (2009). A preliminary examination of using personas to enhance user-centered design. AMCIS 2009 Proceedings, 697.

Mirsch, T., Lehrer, C., & Jung, R. (2017). Digital Nudging: Altering User Behavior in Digital Environments, In Proceedings der 13. Internationalen Tagung Wirtschaftsinformatik (WI 2017), St. Gallen, 634–648.

Polman, P. (2023). 2023 Net Positive Employee Barometer. Paul Polman. https://www.paulpolman.com/wp-content/uploads/2023/02/MC_Paul_Polman_Net-Positive-Employee-Barometer_Final_web.pdf.

PwC (2021). Consumer Intelligence Series Survey on ESG. https://www.pwc.com/us/en/services/consulting/library/consumer-intelligence-series/consumer-and-employee-esg-expectations.html.

Reed, M. S., Merkle, B. G., Cook, E. J., Hafferty, C., Hejnowicz, A. P., Holliman, R., ... & Stroobant, M. (2024). *Reimagining the language of engagement in a post-stakeholder world*. Sustainability Science, 1–10.

Rosson, M. B., & Carroll, J. M. (2002). Scenario-Based Design. In J. Jacko & A. Sears (Hrsg.), The Human-Computer Interaction Handbook: Fundamentals, Evolving Technologies and Emerging Applications. (S. 1032–1050). Lawrence Erlbaum Associates.

Runyon, E. (2013). Carousel Interaction Stats – June 2013 Update. https://erikrunyon.com/2013/07/carousel-interaction-stats/.

Ryan, R. M., & Deci, E. L. (2000). Self-Determination Theory and the Facilitation of Intrinsic Motivation, Social Development, and Well-Being. *American Psychologist*, 55(1), 68–78. https://doi.org/10.1037/0003-066X.55.1.68.

Sharfstein, J.M. (2016). *Banishing „Stakeholders"*. The Milbank Quarterly, 94(3), p.476.

swohlwahr GmbH. (2023). Sustainability Strategy Canvas. swohlwahr. https://www.swohlwahr.com/sustainable-strategy-canvas.

Sznel, M. (2020a). The time for environment-centered design has come. UX Collective. https://uxdesign.cc/the-time-for-environment-centered-design-has-come-770123c8cc61.

Sznel, M. (2020b). Your next persona will be non-human — tools for environment-centered designers. UX Collective. https://uxdesign.cc/your-next-persona-will-be-non-human-tools-for-environment-centered-designers-c7ff96dc2b17.

Thøgersen, J. (2005). Consumer behaviour and the environment: Which role for information. Environment, information and consumer behaviour, 51–63.

Tomitsch, M., & Baty, S. (2023). Designing Tomorrow – Strategic Design Tactics to Change Your Practice, Organisation & Planetary Impact, BIS Publishers.

Tomitsch, M., Borthwick, M., Ahmadpour, N., Cooper, C., Frawley, J., Hepburn, L.A., Kocaballi, A.B., Loke, L., Núñez-Pacheco, C., Straker, K., & Wrigley, C. (2021a). Design. Think. Make. Break. Repeat. A Handbook of Methods (revised ed.). BIS Publishers.

Tomitsch, M., Clasen, K., Duhart E., & Lutz, D. (2024). Reflections on the Usefulness and Limitations of Tools for Life-Centred Design, In Proceedings of the Design Research Society conference (DRS), Design Research Society.

Tomitsch, M., Fredericks, J., Vo, D., Frawley, J., & Foth, M. (2021b). Non-human personas: Including nature in the participatory design of smart cities. Interaction Design and Architecture (s), 50(50), 102–130.

UK Design Council (2024). Design Economy: The Green Design Skills Gap. UK Design Council. https://www.designcouncil.org.uk/our-work/design-economy/#c8020.

Weinmann, M., Schneider, C., & vom Brocke, J. (2016). Digital Nudging. Business & Information Systems Engineering, 58(6): 433–436.

Fazit und Blick in die Zukunft 5

Olga Lange

Zusammenfassung

Dieses Kapitel stellt zusammenfassend den Status Quo mit Handlungsspielraum für UX Professionals vor. Das Buch wird mit einem Ausblick auf weiterführende Arbeiten auf dem Gebiet der UX Design & Sustainability finalisiert.

5.1 Zusammenfassung des Status Quo

Einführend im Kap. 1 wurde die Frage der Gestaltungs- und Verantwortungsmöglichkeiten von UX Professionals besprochen. Es zeigt sich, wie die gesellschaftlichen Entwicklungen unser Berufsbild prägen und uns zu den Gestaltenden der Zukunft machen kann. Wie wird die Lage tatsächlich von den UX Professionals wahrgenommen?

Die durchgeführte Umfrage und dessen Auswertung aus dem Kap. 2 zeigt, dass der Handlungsspielraum bei der Entwicklung von nachhaltigen Projekten im Arbeitsumfeld von UX-Professionals auf einen formativen und einen prospektiven Wirkungsraum sich folgend aufteilen lässt:

1. Im formativen Wirkungsraum kann beispielsweise durch *ressourcenschonende und energieeffiziente Gestaltung* von Produkten, Prozessen und Services eine direkte (unmittelbare) Wirkung auf die Nachhaltigkeit des Produkts erzeugt werden.

O. Lange (✉)
Wirtschaftsinformatik, Duale Hochschule Baden-Württemberg, Stuttgart, Deutschland
E-Mail: olga.lange@dhbw-heidenheim.de

© Der/die Autor(en), exklusiv lizenziert an Springer Fachmedien Wiesbaden GmbH, ein Teil von Springer Nature 2025
O. Lange und K. Clasen (Hrsg.), *User Experience Design und Sustainability*,
https://doi.org/10.1007/978-3-658-45048-9_5

2. Der prospektive Wirkungsraum bezieht sich auf die aktive Nutzung bzw. die Phase nach der Markteinführung des Produkts. *Behavioral Design Techniken* bieten beispielsweise die Möglichkeit, gezielte Verhaltensänderungen bei den Nutzenden anzuregen, die wiederum zu einem nachhaltigeren Verhalten beitragen können.

Durch das Zusammenspiel beider Wirkungsräume entsteht ein ganzheitlicher Ansatz, der zur Entwicklung der nachhaltigen Produkte, Prozesse und Service beiträgt. Dies lässt sich am Beispiel des holländischen Unternehmens Fairphone gut darstellen: Ein „Fairphone mit Langlebigkeit" wird mit fünf Jahren Garantie auf die Software- und Hardwarekomponente angeboten (abgerufen am 24.03.2024 unter https://shop.fairphone.com/de/business), was eine direkte nachhaltige Wirkung in Form einer ressourcenschonenden und effizienten Gestaltung bedeutet. Eine prospektive Wirkung findet mit der Nutzung so eines Gerätes statt: die nutzenden Personen verändern ihr Verhalten in Bezug auf Konsum von neuen Geräten, was im Durchschnitt von 40 Nutzungsmonaten in Europa (Duthoit, 2022) zu 60 Monaten mit einem FAIRPHONE-Gerät führt.

▶ Das bedeutet, für andere Menschen und Umwelt stehen mehr Ressourcen wie Rohstoffe, Wasser und Elektrizität zur Verfügung.

In Bezug auf die aktuelle Integration der Nachhaltigkeit im Berufsalltag von UX-Professionals wird aus der Umfrage ersichtlich, dass es vor allem an mangelnder Akzeptanz und fehlender Unterstützung des nachhaltigen Gedankens in der Organisation scheitert. Über die Hälfte aller Befragten haben schon mal die Aspekte der Nachhaltigkeit in den Projekten zum Beispiel durch optimierte Nutzungsführung, Green Coding, Barrierefreiheit & Partizipation integriert. Jedoch fehlt es an den definierten Anforderungen an Nachhaltigkeit seitens Auftraggeber, womit zeitliche und finanzielle Rahmenbedingungen zur nachhaltigen Entwicklung nicht gegeben werden. Ergänzend werden konkrete Maßnahmen und Empfehlungen für UX Professionals im Umgang mit diesen Themen erwünscht.

In Kap. 3 geht es um Empfehlungen für UX Professionals beim Design for Sustainability. Die Vielfalt des UX Berufsfeldes mit 13 Fokusfeldern deckt alle Phasen einer Entwicklung ab und bietet somit eine ganzheitliche, nachhaltige Betrachtung eines Produktes, eines Prozesses oder einer Dienstleistung seitens UX an. Die dargestellten regulatorischen Grundlagen bilden ein Framework für Nachhaltigkeit bei diesen Entwicklungen, abhängig von den Projektspezifika. Die Verantwortung der UX Professionals erstreckt sich sowohl auf strategische als auch operative Handlungen.

Wer nach praktischer Unterstützung und konkreten Anwendungshilfen sucht, kann die Methoden und Werkzeuge zur Gestaltung der Nachhaltigkeit im Kap. 4 zu Rate ziehen. Ein Potenzial bietet die erweiterte Perspektive der UX Betrachtung, in ihr geht es nicht nur um eine Mensch-, sondern um eine Life- und Planet-zentrierte Fokussierung mit Berücksichtigung aller Folgen der Gestaltung durch UX Professionals.

Als Fazit des Status Quo lässt sich kurz zusammenfassen, dass die Fragen der Nachhaltigkeit eine stärkere Aufmerksamkeit seitens UX Professionals und ihres Berufsfeldes benötigen. Der neu gegründete Arbeitskreis „Design for Sustainability" arbeitet bereits an mehreren Themen, jedoch muss die Gesamtbreite der Aktivitäten bereichsübergreifend über den Berufsverband German UPA organisiert werden.

5.2   Blick in die Zukunft

Resultierend aus den Ergebnissen der Umfrage und den weiteren Ausarbeitungen in diesem Buch stellen sich folgende Fragestellungen zu User Experience Design & Sustainability mit Blick in die Zukunft:

1. Wie können die Gestaltungsmaßnahmen der formativen und prospektiven Wirkungsräume bei der nachhaltigen Entwicklung von Produkten, Prozessen und Services in der Aus- und Weiterbildung der UX Professionals aufgenommen werden?
2. Wie kann die durchgängige Akzeptanz der nachhaltigen Entwicklung in den Organisationen auf der Führungsebene stärker verankert werden?
3. Welche Maßnahmen, Strategien und Empfehlungen können für UX Professionals bei der Entwicklung z. B. von Anforderungen der Nachhaltigkeit an Produkt, Prozess oder Service unterstützend sein?

Eine Vielfalt an Methoden und Werkzeuge zum UX Design & Sustainability wurden schon entwickelt und erprobt, was einen weitgehenden Ansatz in unterschiedlichen Phasen der Projektentwicklung ermöglicht. Ebenso vielfältige Begrifflichkeiten wie Life-, Planet- oder Nature-centered Design (Tarazi et al., 2019) werden gerade neu in der Nachhaltigkeits-Community entwickelt, um in der Zukunft eine neue methodische Grundlage der Nachhaltigkeitsgestaltung zu bilden.

Es stellt sich die Frage der Evaluierung der Nachhaltigkeit in den Organisationen. Es gibt zahlreiche Regularien und Rahmenwerke. Ein einheitliches branchenübergreifendes Messsystem könnte die Umsetzung der 17 Ziele der nachhaltigen Entwicklung einerseits unterstützen, andererseits die Entwicklungspotenziale bei den etablierten und neu eingeführten Technologien aufzeigen. „Nachhaltigkeitsinvestitionen machen uns zukunftssicher" (Mind Digital, 2024), diese Aussage wurde in der Studie „Doppelte Transformation: Digital + Nachhaltig = Zukunft" der Mind Digital von 2024 mit 90,2 % von 51 mittelständischen Unternehmen bewertet. Ein besonders erfolgreiches Twin-Investment in die Energieeffizienz und in die Nachhaltigkeit hat Platz 3 von den erfolgreichen Investitionen bekommen (Mind Digital, 2024).

In die Zukunft blickend lässt sich zusammenfassen, dass die Entwicklung von nachhaltigen Produkten, Prozessen und Dienstleistungen nur mit einem ganzheitlichen User

Experience Design gelingen kann. Dazu müssen die drei vorgestellten Fragestellungen adressiert werden.

Wie das vorliegende Buch eindrücklich zeigt: UX Professionals vereinen die Kraft der Gestaltung der Nachhaltigkeit. Lassen Sie uns diese Verantwortung gemeinsam wahrnehmen.

Literatur

Fairphone B. V. (2024): Internetseite des Unternehmens abgerufen am 24.03.2024 unter https://shop.fairphone.com/de/business.
Duthoit, Aurelien (2022): Can 5G reignite the smartphone industry? Allianz Research, Euler Hermes, 2022.
Mind Digital (2024): Doppelte Transformation: Digital + Nachhaltig = Zukunft, 4. Studie „Digitale Vorreiter im Mittelstand", Stand 15.Februar 2024.
Tarazi, E., Parnas, H., Lotan, O., Zoabi, M., Oren, A., Josef, N., & Shashar, N. (2019). Nature-Centered Design: How design can support science to explore ways to restore coral reefs. The Design Journal, 22(sup1), 1619–1628. https://doi.org/10.1080/14606925.2019.1594995.

www.ingramcontent.com/pod-product-compliance
Lightning Source LLC
Chambersburg PA
CBHW081519050125
19944CB00006B/120